똑똑한 지리책 2

똑똑한 지리책

김진수 지음
박경화·임근선 그림

2
인문지리

사람과 사람이
더불어 살아요

휴먼
어린이

초대하는 글

똑똑!
넓은 세상으로 가는 문을 열어 볼까?

　최근 수산물 시장을 찾는 손님이 뚝 끊겼다고 해. 일본에서 수입하는 식품과 생활용품의 매출도 크게 줄어들었다고 하지. 방사능 오염에 대한 텔레비전 뉴스와 신문 기사가 자주 등장하면서, 사람들의 걱정과 불안도 커지고 있어. 이에 우리 정부는 일본산 수산물 수입을 엄격히 관리하고, 남태평양산 참치와 노르웨이산 고등어의 수입량을 늘렸다고 해.

　왜 이런 변화가 생겨난 걸까? 그건 바로 2011년 3월, 일본 동북부를 강타한 초대형 지진과 지진 해일 때문이야. 일본에서 발생한 지진이 어떻게 우리의 식탁까지 바꾸어 놓았을까?

　지리를 알면 그 이유를 명확히 이해할 수 있어. 세계 지진대의 분포, 지진 해일의 발생 원리, 원자력 발전소의 위치, 방사능 물질과 해양 오염, 일본과 노르웨이의 위치, 멕시코 만류의 성질, 고등어의 생태, 자유 무역 협정 등 다양한 지리 지식을 알고 나면 일본의 지진과 우리 식탁 사이의 관계에 대한 궁금증이 풀린단다.

　서로 동떨어져 보이는 현상들도 알고 보면 매우 다양한 방식으로

　연결되어 있어. 우리가 먹는 햄버거와 지구 온난화 현상 사이에도, 필리핀산 바나나의 값이 국산 과일 값보다 싼 이유에도 모두 '지리'로 통하는 고리가 이어져 있단다. 따라서 지리를 안다는 것은 세상의 여러 현상을 하나로 엮는 튼튼한 도구를 갖는 거라고 할 수 있어. 또한 나를 둘러싼 세상을 한눈에 볼 수 있는 큰 문을 여는 것이기도 하단다.

　하지만 흔히 '지리' 하면 복잡한 지도와 도표, 어려운 축척 계산법, 생소한 지명과 지형 등을 떠올려. 그동안 지리를 딱딱하고 어려운 교과서와 시험을 대비한 암기 위주의 수업으로만 만나 왔기 때문이야.

　잠시 주위를 둘러볼래? 보이는 사물, 들려오는 소리, 풍겨오는 냄새 등은 모두 지리와 연관되어 있어. 네가 지구 상에 존재하는 한 이동하고 머물며 숨 쉬는 모든 공간이 바로 지리로 이어진 세상이란다.

　우리는 왜 지리를 알아야 할까? 지리를 모르면 내비게이션의 도움 없이는 아무 데도 갈 수 없고, 여름 방학 때 멋진 장소를 다녀오고도 그곳이 어디에 있는지 알지 못해. 왜 친구들이 베트남에서 만든 신발을 신고 있는지, 왜 에티오피아 사람들이 달리기를 잘하는지, 왜 파키스탄에서 온 노동자가 길거리에서 기도를 하는지도 알지 못하지. 심지어 인도네시아와 인도를 같은 나라로 오해하기도 해. 무엇보다 지리를 모르면 내가 세상 속 어디에 있는지, 또 길을 잃었을 때 어디로 가야 할지 알 수 없어.

20년이 넘게 학교에서 지리를 가르치면서 늘 시험을 위한 지리가 아닌, 더 멋진 삶을 위한 지리를 알려 주고 싶었어. 중·고등학교 교과서와 EBS 교재, 대안 교과서를 집필할 때도 그 점을 염두에 두었지만 '살아 있는 지리'에 대한 목마름을 채울 순 없었단다. 게다가 중학교에서 지리를 배우면서 어려운 개념 때문에 고생하는 아이들과 그것을 염려하는 부모님들을 보면서 쉽고 재미있는 지리책을 써야겠다고 생각했어. 교과서 속 내용을 정확히 짚어 주면서도 그보다 더 재미있는 세상 이야기를 지리 선생님인 아빠가 들려준다면, 많은 어린이가 지리를 좀 더 쉽게 만날 수 있을 거라고 생각했단다.

그래서 아이들이 꼭 알아야 할 지리 지식과, 교과서에 다 못 실었던 흥미로운 이야기를 《똑똑한 지리책》에 담았어. 이 책을 통해 세상에 존재하는 숨은 이야기들과 멋진 장소를 알려 줄 거야.

　《똑똑한 지리책》은 자연과 사람의 이야기이자 세상 구경이란다. 이야기에 귀 기울이며 책장을 한 장 한 장 넘기다 보면 마치 여행을 하는 듯한 기분이 들 거야.
　중학교에 가기 전 미리 읽어 두거나, 중학생이 된 후 지리 때문에 답답할 때 읽어도 좋아. 아마 골치 아픈 '사회'가 쉬워지는 행복한 경험을 하게 될 테니까.
　지금부터 세상 속 다채로운 이야기를 따라가 볼까? 자연과 사람, 사람과 사람, 사람과 공간이 서로 어떻게 연관되어 있는지를 잘 알려 주는 '똑똑한 지리'를 통해서 말이야. 자연과 사람이 함께 살아가는 방법과, 사람과 사람이 더불어 만들어 가는 세계를 만나 보자.
　똑똑! 이제 지리 열쇠로 세상의 문을 열어 볼까?

2014년 1월
김진수

차례

초대하는 글 ... 4

1 사람으로 가득 차고 있는 지구

사람들은 어디에 모여 살까? ... 12
• 세계의 인구는 어떻게 늘었을까? ... 20

새로운 삶터를 찾아 나서는 사람들 ... 22
• 자메이카, 아프리카 흑인 노예들이 일군 나라 ... 34

저출산, 고령화가 미래를 위협해 ... 36
• 왜 프랑스 상점에는 문턱이 없을까? ... 52

2 도시, 지구를 뒤덮다

지구인의 절반은 도시인 ... 56
• 큰 도시와 작은 도시, 어느 것이 많을까? ... 70

다양한 모습의 매력적인 도시 ... 72
• 평양의 도시 구조는 어떨까? ... 84

우리가 꿈꾸고 희망하는 도시 ... 86
• 빗장 동네란 무엇일까? ... 98

3 다양한 문화로 이루어진 지구촌

모자이크 같은 세계 문화 ... 102
• 세계의 바닥을 수놓은 카펫 ... 114

햄버거와 청바지로 통하는 지구촌 ... 116
• 할리우드 영화 못지않은 볼리우드 영화 ... 128

갈등과 공존의 사이 ... 130
• 서울 속의 세계, 외국인 마을 ... 144

4 세계화의 두 얼굴

코카콜라, 세계를 마시다	148
• 스마트폰 뒤에 숨겨진 노동자들의 죽음	158
우리의 밥상은 어디서 올까?	160
• 물 발자국을 줄여 주세요	172
울퉁불퉁한 세계 경제	174
• 학교 대신 공장에 다니는 세계의 아이들	182

5 세계화 시대, 지역은 어떻게 바뀔까?

자연과 친한 생태 도시의 매력	186
• 은평 뉴타운의 새로운 시도들	198
세계를 비벼라	200
• 무에서 유를 창조한 함평 나비 축제	212

6 우리나라의 영역과 국토 통일

우리나라는 어디까지일까?	216
• 점점 커진 섬, 강화도	229
영토를 둘러싼 지구촌 갈등	230
• 바닷길로 이어진 거문도와 울릉도, 그리고 독도	242
북한, 또 다른 절반	244
• 북한 사람들은 왜 굶주릴까?	256

찾아보기	258
사진 자료 제공	261

1 사람으로 가득 차고 있는 지구

사람들은 어디에 모여 살까?
새로운 삶터를 찾아 나서는 사람들
저출산, 고령화가 미래를 위협해!

사람들은 어디에 모여 살까?

인구 분포

지구에는 약 70억 명의 사람이 살고 있어. 2011년 10월 31일 필리핀에서 '다니카 메이 캄마초'라는 여자아이가 태어나면서 지구촌의 인구는 70억 명이 되었단다.

70억 명이 얼마나 많은 사람인지 상상이 되니? 지구의 모든 사람이 손을 잡고 한 줄로 늘어서면 약 525만km가 돼. 이는 지구에서 달까지 거리의 13.7배야. 70억 명을 1초에 1명씩 센다면, 모두 세는 데 무려 222년이 걸린단다. 지구의 사람들이 손에 손을 잡고 한곳에 모인다면, 서울 면적의 6배 반을 채울 수 있어.

지구에는 소 13억 8,000만 마리와 양 10억 7,700만 마리가 살고 있는데, 소와 양을 모두 합해도 지구 인구의 3분의 1 정도밖에 되지 않아. 그러니 지구에 얼마나 많은 사람이 살고 있는지 짐작이 되지? 지구에 사는 포유류 중에는 인간이 가장 많다고 해.

세계의 인구 세계 인구는 70억 명에 달해. 지구의 모든 사람이 손에 손을 잡고 늘어서면 지구에서 달까지 일곱 번 정도 왕복할 수 있지.

인구 밀집과 인구 희박이란?

사람들은 주로 어디에서 살고 있을까? 지구 전체에 고르게 퍼져 살고 있을까, 아니면 특정 지역에 모여 살고 있을까?

사하라 사막은 한반도 전체 면적보다 무려 42배나 넓은 땅이란다. 하지만 사하라 사막에 사는 사람은 불과 200만 명에 지나지 않아. 우리나라 대구시 인구보다 적다는 이야기지. 반면 사하라 사막의 3분의 1 정도 되는 면적을 지닌 인도의 인구는 12억 명에 육박해. 세계 인구 7명 중 1명이 인도 사람이라고 할 수 있어.

인구 분포를 이야기할 때 '밀집'과 '희박'이라는 말을 많이 사용해.

밀집이란 빽빽하게 모여 있다는 뜻이고, 희박이란 듬성하게 분포한다는 뜻이야. 예를 들면 관객으로 가득 찬 야구장은 인구가 밀집한 곳이고, 사람들이 거의 살지 않는 사막은 인구가 희박한 곳이지.

전 세계를 인구 밀집 지역과 인구 희박 지역으로 나누면 어떻게 될까? 인구 밀집 지역은 서유럽, 미국 동부, 동아시아, 남아시아, 동남아시아 등지야. 사람이 많이 사는 곳은 그 땅이 많은 사람을 먹여 살릴

세계의 인구 분포 인구 밀집 지역은 사람이 살기에 좋은 환경을 갖춘 곳이고, 희박 지역은 그렇지 않은 곳이야. 동아시아, 동남아시아, 남아시아, 서유럽, 미국의 동부 등이 밀집 지역에 해당해.

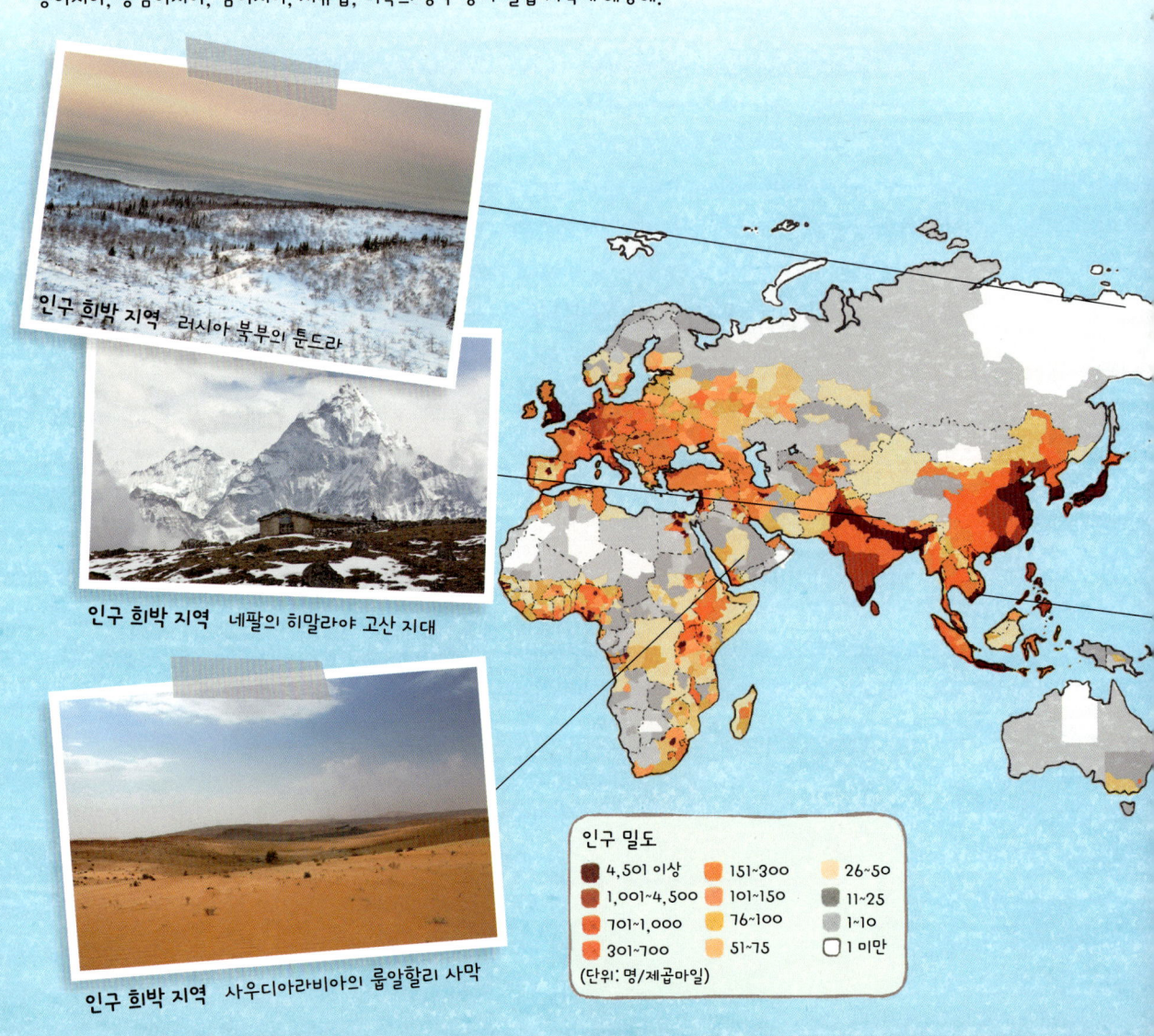

인구 희박 지역 러시아 북부의 툰드라

인구 희박 지역 네팔의 히말라야 고산 지대

인구 희박 지역 사우디아라비아의 룹알할리 사막

인구 밀도
- 4,501 이상
- 1,001~4,500
- 701~1,000
- 301~700
- 151~300
- 101~150
- 76~100
- 51~75
- 26~50
- 11~25
- 1~10
- 1 미만

(단위: 명/제곱마일)

수 있다는 것을 의미해. 그런 힘을 '인구 부양력'이라고 하지.

서유럽, 미국 동부, 동아시아 지역 등은 산업이 크게 발달한 곳이야. 산업이 발달한 지역에는 공장과 사무실이 많아. 중국의 어느 지역에서는 커다란 공장에서 일하는 30만 명의 노동자가 하나의 도시를 이루어 살아가기도 하고, 미국 맨해튼의 커다란 빌딩 안에서는 수천 명이 일하고 있어.

한편 농업 활동이 활발한 남아시아와 동남아시아도 인구가 무척 많

인구 밀집 지역 미국 동부의 뉴욕

인구 밀집 지역 베트남의 벼농사 지역

아. 남아시아와 동남아시아에는 여름철에 많은 비를 쏟는 계절풍이 부는데, 이런 지역에서는 벼농사가 활발하단다.

예로부터 벼농사 지역은 밀이나 옥수수를 주로 재배하는 지역보다 사람이 많이 모여 살았어. 같은 면적이라면 다른 곡물 농업보다 벼농사로 훨씬 많은 알곡을 생산할 수 있기 때문이야. 그래서 쌀을 주식으로 하는 나라에는 사람이 많이 사는데, 우리나라도 그중 하나야.

인구 희박 지역의 자연환경은 대부분 사람이 살기에 좋지 않아. 건조 지역은 물이 부족해서 농사를 짓기 어려워. 그렇기 때문에 인구를 부양하는 힘이 약할 수밖에 없지. 아마존의 열대 밀림 지역은 너무 더워서 사람이 살기 어렵고, 시베리아나 북극 주변 지역과 남극 일대는 너무 추워서 사람이 살기 어려워.

히말라야 산맥이나 로키 산맥처럼 높은 산지에서도 사람이 살기 어렵단다. 경사지에서는 논밭을 일구기 힘들고, 산악 지역은 서늘하기 때문에 농업 활동에 불리해.

한 나라 안에서도 인구 분포는 달라

한 나라 안에서도 자연환경과 산업 발달의 차이에 따라 인구 분포가 다르게 나타난단다. 특히 국토가 넓은 나라일수록 그러한 경향이 크지.

인구 분포의 차이가 뚜렷한 나라로 이집트를 들 수 있어. '국토의 대부분이 사막인 이집트에 사람이 살면 얼마나 살까?' 하고 이집트의 인구를 얕보는 경우가 많아. 하지만 이집트의 인구는 남한과 북한의 인구를 합한 숫자보다 많단다.

이집트의 수많은 사람을 먹여 살리는 것은 나일 강이야. 사람들은 나일 강을 '이집트의 선물'이라고 부르지. 세상의 많은 하천이 홍수로 사람과 재산을 휩쓸어가지만, 나일 강의 홍수 범람은 토양을 비옥하게 만들어 왔어.

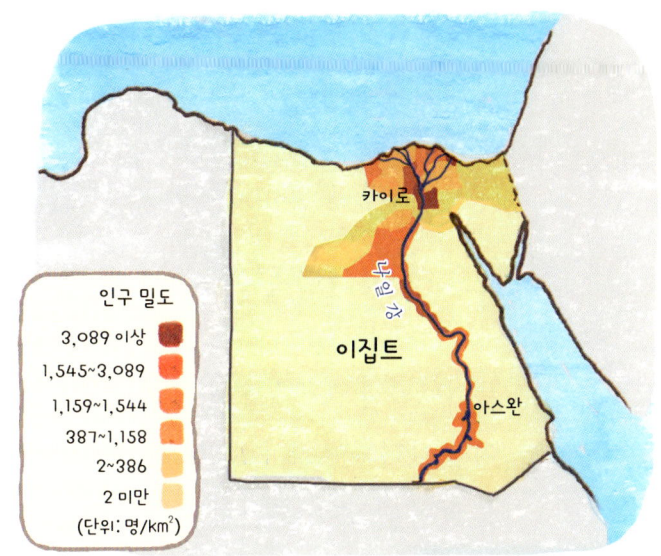

이집트의 인구 분포 나일 강 주변은 농업 활동이 활발해서 많은 사람이 거주하고 있어.

나일 강은 매년 6월 말이 되면 강물이 넘쳐. 이집트 사람들은 나일 강의 범람이 끝난 다음 농사를 짓기 시작해.

이집트 사람들은 홍수 덕분에 비옥해진 토양을 이용해서 농사를 지어. 그로 인해 나일 강 유역은 오래전부터 많은 사람들의 터전이 되었지. 황량한 사막이 끝없이 펼쳐져 있을 듯한 이집트지만, 실제로는 나일 강을 따라서 짙푸른 들판이 펼쳐져 있단다. 이제 '이집트의 인구 분포' 지도의 붉은 띠가 무엇을 의미하는지 알게 되었을 거야.

지역 간 인구 차이가 뚜렷한 나라는 이집트 외에도 많아. 캐나다는 북쪽이 너무 춥기 때문에 남쪽인 미국 국경 가까이에 사람이 많이 모여 살고, 중국은 서쪽 지역에 산지와 고원 및 사막이 분포하므로 동남부 해안 지역에 사람이 많이 모여 살고 있어.

오스트레일리아는 전체적으로 메마른 대륙이지만, 남동부 해안과 남서부의 일부 지역은 기후가 온화하고 비가 적당히 내려서 사람이 많이 모여 산단다.

우리나라 사람들은 어디에 모여 살까?

우리나라의 인구 분포를 이해하려면 자연환경과 산업 발달 정도의 차이를 살펴봐야 해. 우리나라 역시 산업화 이전에는 자연환경의 영향을 많이 받았어. 오래전부터 농경 사회였기 때문에 산지가 많은 북동부 지역에는 농사를 짓기가 어려워 사람이 적게 살았고, 평야가 넓게 펼쳐진 남서부 지역에는 농업이 발달해서 사람이 많이 살았지. 평야 지역은 농사지을 수 있는 땅을 구하기 쉬울 뿐 아니라, 지역을 연결하는 도로를 만드는 데도 유리해.

산업화가 이루어지면서 농촌이나 어촌 등 촌락에 거주하던 사람이 공장과 회사가 많은 도시로 몰려드는 이촌 향도 현상이 나타났단다. 이촌 향도 현상으로 인구 밀집 지역이 된 곳은 수도권과 남동권이야. 수도권은 우리나라 경제의 중심지로 기업도 많고 대학과 연구소 등의 시설이 집중되어 있어. 남동권에는 1970년대를 전후로 중화학 공업 시설이 많이 들어섰지.

농촌과 산촌, 어촌 지역에는 인구가 점점 줄면서 많은 문제가 발생하고 있어. 농어촌 지역은 도시에 비해 일자리를 구할 기회가 적고 교육, 문화, 의료 시설 등도 부족하기 때문에 고향을 떠나는 사람이 많거든. 인구가 줄면서 일손이 부족해지고 학교와 병원 등 각종 시설도 문을 닫고 있지. 그야말로 빈곤의 악순환인 셈이야.

언제부턴가 농어촌 지역에서 산부인과가 줄어들고 있어. 의사 선생님도 많이 부족하고 아이들이 거의 태어나지 않기 때문이야. 농어촌에 사는 임신부들은 아이를 낳으려면 할 수 없이 도시로 가야 하지. 그래서 지방 자치 단체들은 '찾아가는 산부인과'라는 순회 진료를 실시하여 농어촌의 임신부들이 편안하게 아이를 낳을 수 있도록 도와준단다.

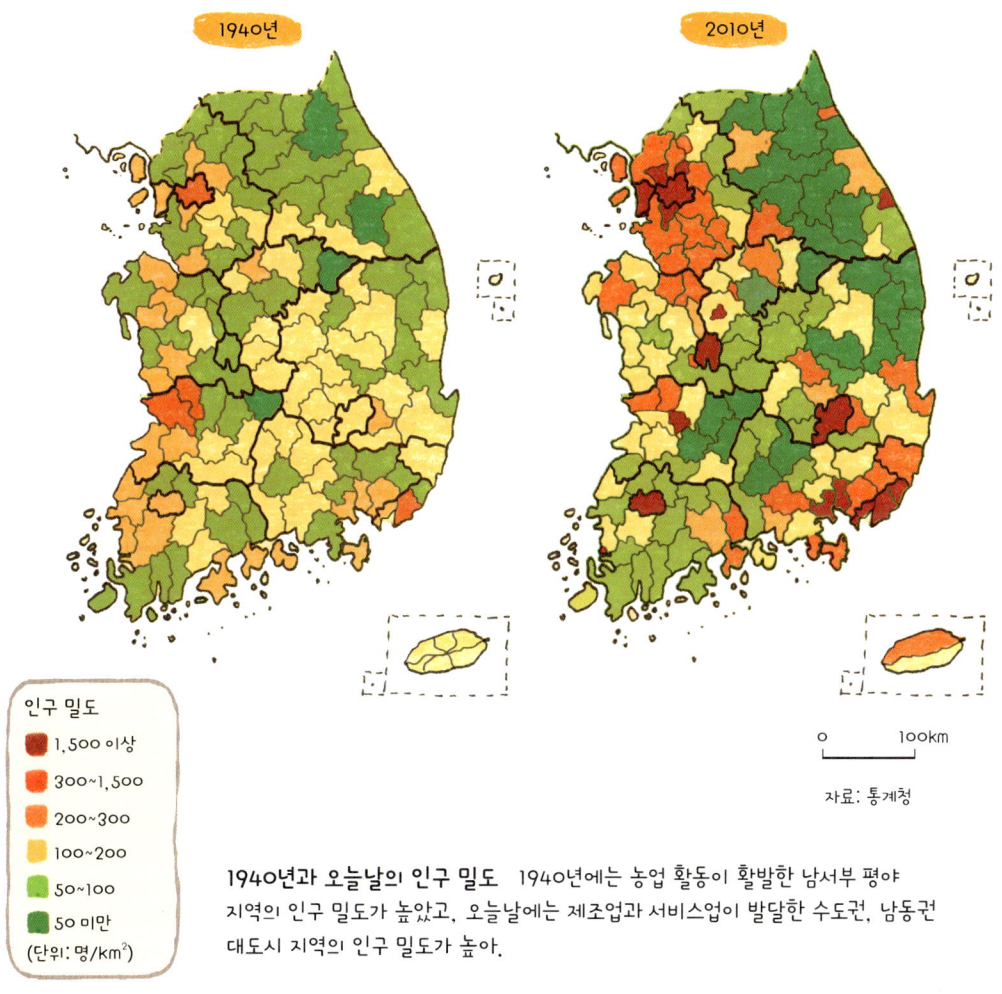

1940년과 오늘날의 인구 밀도 1940년에는 농업 활동이 활발한 남서부 평야 지역의 인구 밀도가 높았고, 오늘날에는 제조업과 서비스업이 발달한 수도권, 남동권 대도시 지역의 인구 밀도가 높아.

 # 세계의 인구는 어떻게 늘었을까?

 지금 지구에는 70억 명이 살고 있어. 200만 년 인류 역사에서 세계 인구가 10억 명을 넘은 때는 언제였을 것 같니?

100만 년 전쯤이 아닐까요?

 그렇게 오래되지는 않았어. 19세기 초반인 1804년쯤이야. 불과 약 200년 전이지.

그럼 세계 인구가 10억 명이 되기까지 200만 년 정도가 걸렸고, 70억 명이 되기까지는 약 200년밖에 걸리지 않았다는 이야기네요?

 맞아! 1927년에 세계 인구가 20억 명, 1974년에 40억 명, 1999년에 60억 명이 되었어. 거의 70년 만에 지구의 인구가 40억 명이 늘어난 거야.

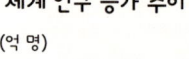
세계 인구 증가 추이

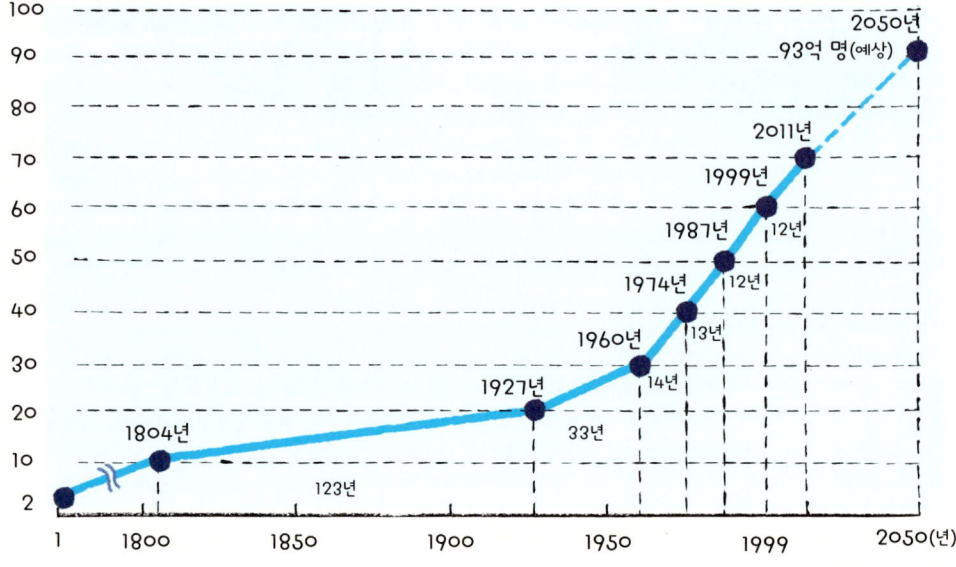

자료: 유엔인구기금, 2012

20세기 이후에 세계 인구가 급속도로 증가한 거네요. 이유가 뭘까요?

의료 기술과 농업 생산력이 발달했기 때문이야. 병에 걸리면 치료를 받고 필요한 만큼 먹을 수 있게 되면서 인구가 증가한 거지.

그럼, 앞으로도 세계 인구는 계속 늘어날까요?

글쎄, 그건 아무도 모르지. 세계 각국의 출산율이 크게 낮아지고 있기 때문에 점점 인구가 줄어들 거라고 예측하는 사람들도 있어.

인구가 증가할수록 우리의 삶은 풍요로워지는 걸까요?

단정하기는 어려워. 현대 사회가 풍요로운 것은 사실이지만, 가난한 사람은 여전히 많거든. 전 세계 70억 명 가운데 절반 이상의 사람들이 2달러가 안 되는 돈으로 하루를 살아가고 있고, 8억 명 정도는 빈민가에 살고 있단다.

그렇게나 많은 사람이 빈민가에 살고 있나요?

가난한 나라에는 굶어 죽는 아이가 많아. 6초에 1명 꼴로 개발 도상국의 어린이가 영양실조로 목숨을 잃고 있어. 전쟁으로 목숨을 잃거나 결핵과 에이즈 같은 질병 때문에 목숨을 잃는 아이도 많단다.

새로운 삶터를 찾아 나서는 사람들

인구 이동

어느 날 아침, 미국 캘리포니아 주의 멕시코계 시민들이 한꺼번에 사라졌어. 농장에는 제때 따지 못한 오렌지가 썩기 시작했고, 레스토랑에는 더러운 접시가 산더미처럼 쌓여 갔지. LA 다저스 야구단은 선수가 모자라 시합을 포기했어. 이후 멕시코계 사람들이 캘리포니아로 돌아오자 그동안 그들을 싫어했던 미국인들은 "멕시코에서 온 사람들, 좋은 사람들이었잖아!"라고 말했대.

영화 〈멕시코인이 사라진 날〉의 내용이야. 이 영화는 미국 내 이주 노동자들의 현실을 풍자했지. 미국에는 멕시코계 사람을 포함한 라틴 아메리카 출신 사람들이 빠르게 증가하고 있

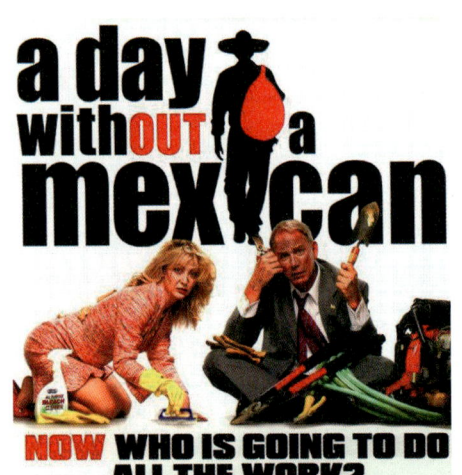

영화 〈멕시코인이 사라진 날〉 미국에서 히스패닉 인구가 지니는 의미를 보여 주는 영화야.

어. 미국 사람들은 이들을 '히스패닉'이라고 부르는데, 히스패닉 인구에 대한 미국 사회의 의존도가 매우 높아지고 있어. 이것이 비단 미국만의 이야기일까? 우리나라도 외국인 노동자들이 갑자기 사라진다면 온 나라가 뒤죽박죽되는 날이 오는 건 아닐까?

사람들은 왜 이동할까?

우리는 늘 이동하며 살고 있어. 학교에 갈 때도, 휴가를 떠날 때도 이동하지. 하지만 지금 살펴볼 '인구 이동'이란 거주를 목적으로 하는 이동을 뜻해. 우리 가족이 정들었던 동네를 떠나 이사한 것이 바로 인구 이동이란다.

사람들은 누구나 더 나은 삶을 원하기에 끊임없이 이동하지. 거주지에서 밀어내는 힘을 '배출 요인'이라고 하고, 이주할 지역에서 끌어당기는 힘을 '흡입 요인'이라고 해. 예를 들어 일자리가 없고 주거 환

배출 요인과 흡입 요인에 따른 인구 이동

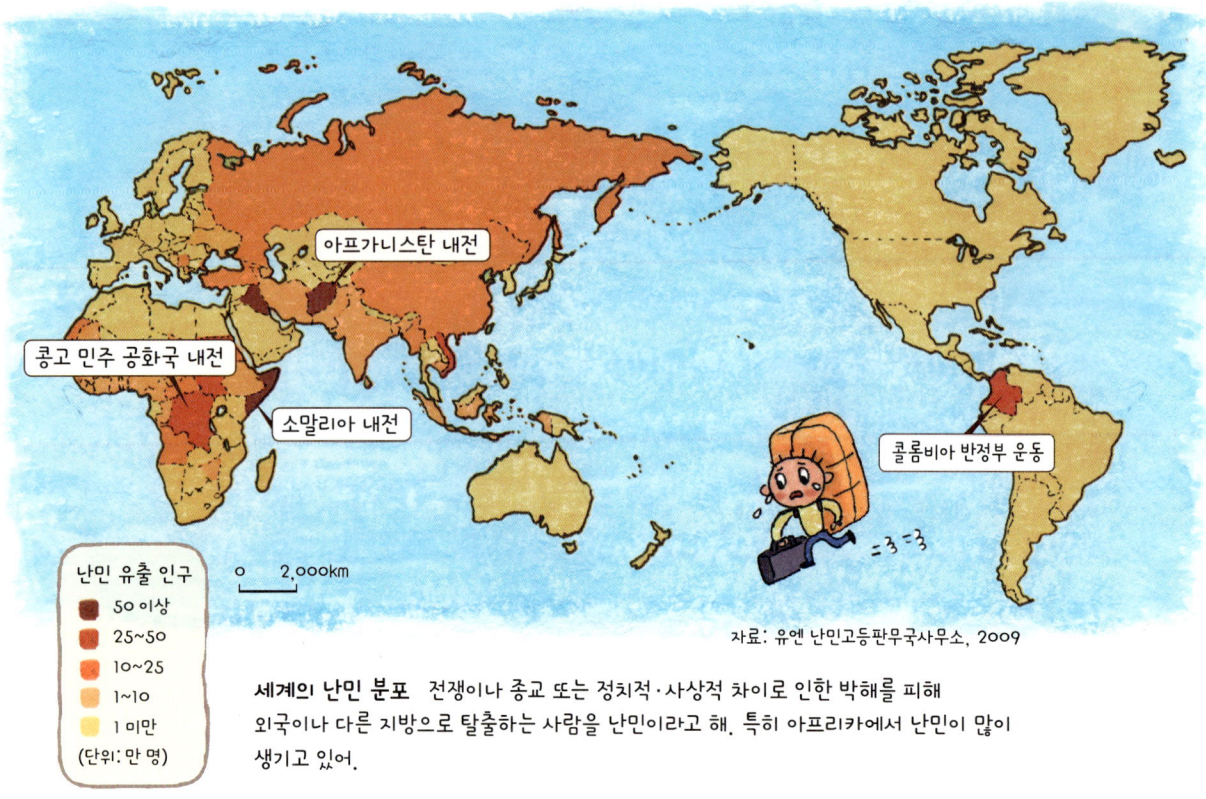

세계의 난민 분포 전쟁이나 종교 또는 정치적·사상적 차이로 인한 박해를 피해 외국이나 다른 지방으로 탈출하는 사람을 난민이라고 해. 특히 아프리카에서 난민이 많이 생기고 있어.

경이 좋지 않거나 교육 및 의료 시설이 부족한 것은 배출 요인이고, 일자리가 많고 환경이 쾌적하고 교육 및 문화 시설 등이 좋은 것은 흡입 요인이야.

오늘날의 인구 이동은 대체로 자신이 원해서 이루어져. 이러한 인구 이동을 '자발적 이동'이라고 해. 하지만 세상의 모든 사람이 자발적으로 이동하는 것은 아니야. 자신의 의지와는 상관없이 정치나 종교 문제 때문에 고향을 떠나는 사람들도 있고, 자연재해가 발생해서 눈물을 흘리며 정든 고향을 떠나는 경우도 있지. 이런 인구 이동을 '비자발적 이동' 또는 '강제적 이동'이라고 해.

자발적 인구 이동은 경제적 이유 때문에 이루어지는 경우가 많아. 경제 수준이 낮은 멕시코 사람들이 국경을 넘어 미국으로 가는 것, 아프리카 사람들이 불법 경로를 통해 몰래 유럽으로 들어가는 것, 외국인 노동자들이 코리안 드림을 꿈꾸며 우리나라에 오는 것 모두 경제적 이유 때문에 일어나는 인구 이동이야.

비자발적 인구 이동은 전쟁 때문에 발생하는 경우가 많아. 아프리카에는 내전으로 바람 잘 날이 없는 나라가 많은데, 이런 나라의 국민들은 새로운 삶터를 찾아 힘겨운 길을 떠나는 경우가 많단다.

대서양을 건넌 유럽 사람들

다음 지도를 보면 16세기 이후의 세계 인구 이동 경로를 알 수 있어. 파란색 화살표는 유럽인들의 이동을 나타낸 거야. 콜럼버스가 신대륙을 발견하고 바스쿠 다 가마가 인도 항로를 개척한 이후, 수많은 유

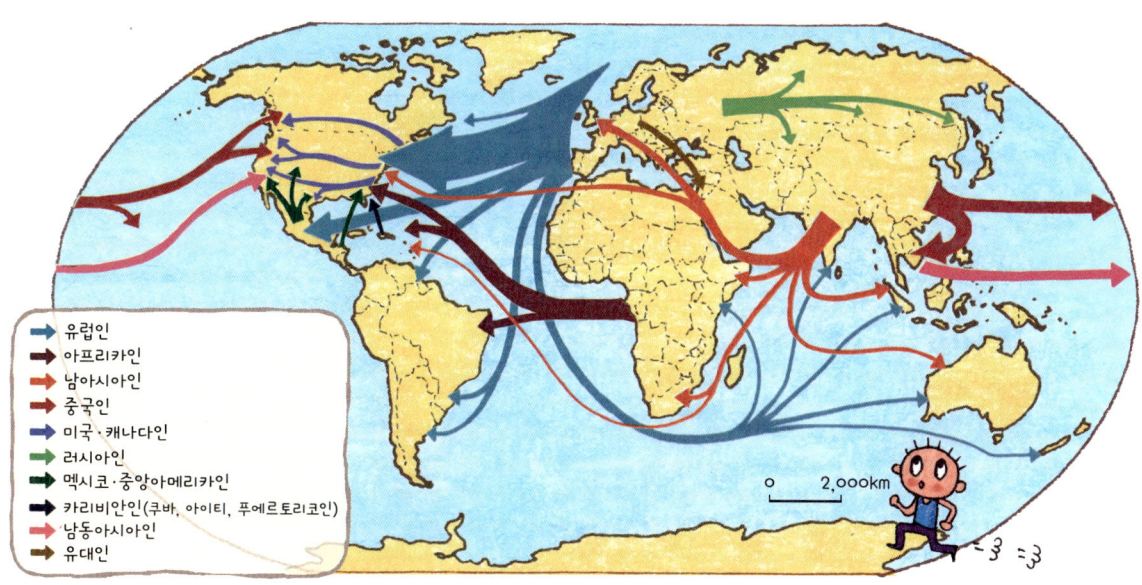

세계의 인구 이동 세계의 인구 이동으로 정치·사회·경제·문화에 많은 변화가 일어났어.

럽인이 세계로 진출했어. 특히 에스파냐와 영국 사람들이 신대륙으로 많이 이동했지.

아메리카 대륙은 미국과 멕시코를 가르는 리오그란데 강을 중심으로 북쪽은 앵글로아메리카, 남쪽은 라틴 아메리카라고 불러. 앵글로아메리카는 영국에 살던 사람들인 앵글로색슨족에서 유래한 말이야. 즉 앵글로아메리카는 영국의 영향을 받은 땅이란다.

라틴 아메리카는 알프스 산맥의 남쪽에 거주하던 라틴족에서 유래한 말이지. 라틴 아메리카는 주로 에스파냐와 포르투갈 사람들이 진출한 곳이야. 라틴 아메리카 대부분의 나라에서 에스파냐어를 사용하고 가톨릭교를 믿으며 투우

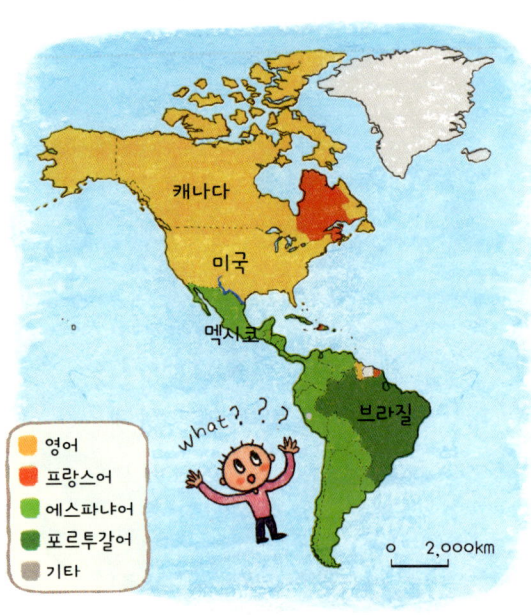

아메리카 대륙의 언어 분포 앵글로아메리카에서는 영어와 프랑스어, 라틴 아메리카에서는 에스파냐어와 포르투갈어를 주로 사용해.

경기를 즐기는데, 이는 에스파냐의 영향을 받았기 때문이지.

오세아니아 주의 오스트레일리아와 뉴질랜드는 유럽, 특히 영국의 영향을 많이 받았어. 오스트레일리아와 뉴질랜드 사람들은 영어를 주로 사용하고, 두 나라의 국기에는 모두 영국 국기인 '유니온 잭'이 그려져 있지. 그리고 20달러짜리 뉴질랜드 지폐와 5달러짜리 오스트레일리아 지폐에는 영국 여왕의 얼굴이 담겨 있단다.

오스트레일리아의 국기와 화폐　　　뉴질랜드의 국기와 화폐

신대륙으로 끌려간 흑인 노예들

'세계의 인구 이동' 지도에서 파란색 화살표에 유럽이 세계를 정복한 역사가 담겨 있다면, 갈색 화살표에는 잔인하고 슬픈 역사가 담겨 있어. 갈색 화살표는 아프리카 노예들의 인구 이동을 나타낸단다.

아프리카 서쪽에는 세네갈이라는 나라가 있어. 세네갈은 '다카르 랠리'라는 자동차 경주로 유명한 나라지. 세네갈의 서쪽 앞바다에는 고레 섬이 있는데, 이 섬은 아프리카 곳곳에서 잡혀 온 노예들이 머물던 곳이야.

고레 섬에는 '노예의 집'이라는 건물이 있어. 이 건물 1층에는 토굴 같은 작은 방들이 있는데, 이곳에 노예들이 갇혀 있었다고 해. 노예들은 노예의 집 마당에서 경매에 붙여졌고, 경매가 끝나면 노예선에 실려 신대륙으로 보내졌지.

노예선의 상황은 노예의 집보다 끔찍했어. 1781년 아프리카를 떠나 자메이카로 향하던 '종'이라는 노예선에는 흑인 노예 400명이 타고 있었어. 자메이카에 이르기도 전에 질병으로 이미 50명 정도가 죽은 상태였지. 왜 그렇게 많은 사람이 죽었냐고? 생각해 보렴. 습기가 가득 차 있고 똥과 오줌으로 뒤범벅된 지하실에 사슬로 묶인 채 제대로 먹지도 못하고 몇 달 동안 항해를 계속했으니, 사람들이 병들고 죽는 것은 당연한 일이었지.

노예선이 자메이카에 도착하기 전에 선장은 고민에 빠졌어. 바로 병든 노예들 때문이야. 선장은 병든 노예들을 데려가 봤자 돈이 되지 않을 테니, 차라리 바다에 버려 보험금을 받으려고 했지. 그래서 선장은 남은 350명의 노예 가운데 병든 130명을 바다에 던져 버렸단다.

죽지 않고 아메리카 대륙에 도착한 노예들의 고통도 끝난 게 아니었어. 노예들은 담배 농장, 면화 농장, 사탕수수 농장이나 광산 등지에서 혹독하게 일해야 했어. 가혹한 노동은 계속되었고, 그러다가 죽

고레 섬에 있는 노예의 집 세네갈의 고레 섬은 18세기 말까지 노예 무역의 중심지였어. 노예의 집은 아메리카로 팔려 나가는 노예들을 가두었던 곳이야.

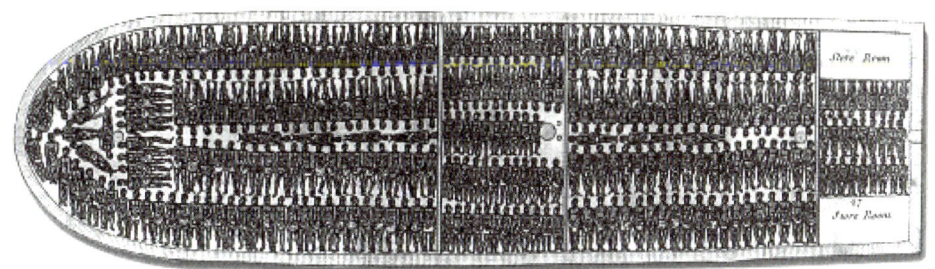

노예선 노예들은 주로 배의 밑바닥에 실렸어. 비위생적인 조건, 침수, 이질, 괴혈병 때문에 많은 노예가 배에서 목숨을 잃었다고 해.

으면 다시 새로운 노예로 채워졌지. 노예들은 마치 낡은 기계의 부품과도 같은 취급을 받았던 거야.

세계 어디든 모여 사는 중국인

'세계의 인구 이동' 지도로 다시 돌아가 보자. 짙은 붉은색 화살표는 중국인들의 해외 이동을 나타낸 거야. 중국이 아닌 다른 나라에 거주하는 중국인을 '화교'라고 불러. '화(華)'는 중국을 의미하고, '교(僑)'는 임시로 머무는 곳 혹은 여행하는 사람을 의미해. 화교라는 말 속에는 외국에 임시로 살지만 결국에는 중국으로 돌아갈 사람이라는 의미가 담겨 있지.

전 세계 화교의 수는 4,000만 명에 달해. 남북한 인구의 3분의 2를 넘는 수준이지. 이 가운데 동남아시아에 사는 화교가 3,000만 명 이상이고, 나머지는 세계 각지에 흩어져 살고 있어.

중국인들이 지금처럼 해외 각지로 나가 살기 시작한 때는 12세기라고 알려져 있지만, 16세기 화교의 수는 10만 명 정도에 지나지 않았어. 중국인들은 근대 이후에 대거 해외로 나갔어. 중국은 이 시기에 정치적으로 혼란스러웠고, 서구의 강대국들은 동남아시아 개발 과정에서 많은 노동력이 필요했지. 20세기 초에 700만 명이던 화교의 수는 20세기 중엽에 1,400만 명으로 크게 늘었고, 지금은 약 4,000만 명을 넘어섰단다.

동남아시아에서 노동자로 일하기 시작한 화교를 '쿨리'라고 불렀어. 쿨리는 한자로 '쓸 고(苦)' 자와 '힘 력(力)' 자를 써. 지금은 화교들이 부유한 사람들로 알려져 있지만, 그들도 처음에는 힘들게 일하는 하급 노동자였지.

화교들은 동남아시아 각지에서 기반을 잡고 장사를 시작했어. 그들은 뛰어난 장사 수완으로 돈을 모았고, 차츰 지역의 경제를 장악했지. 인도네시아의 화교 인구는 전체 인구의 5%인데, 이들이 인도네시아 200대 기업의 75%를 차지하고 있어. 타이에서도 화교들이 금융업을 지배하고 있단다.

싱가포르에는 중국 남동부에 위치한 푸젠 성 출신의 화교가 많아. 이들은 자기 고향 사람이라면 무조건 살아갈 방도를 마련해 주는 것으로 유명해. 누군가가 국숫집을 한다면 고향 사람을 고용해서 일을 가르치고, 나중에 그 사람이 새로운 국숫집을 차릴 수 있도록 도와주는 식이야.

화교 기업끼리의 경제적 관계도 잘 형성되어 있어. 반대로 화교 기업이 아닌 기업과는 쉽게 거래를 하지 않지. 공산주의 국가인 중국이 경제 개방 정책을 펼쳤을 때 외국에서 들어온 자본의 상당 부분이 화

싱가포르의 차이나타운
뉴욕의 차이나타운
인천의 차이나타운
세계 곳곳에 있는 차이나타운이야.

교 자본이었다고 해.

　세계 여러 나라에는 화교들이 만든 차이나타운이 있어. 차이나타운은 중국이 아닌 지역에 위치한 중국인의 집중 거주 지역을 말하는데, 특히 동남아시아와 미국에 많아. 차이나타운에서는 중국 음식을 맛보는 등 중국의 문화를 느낄 수 있어.

　차이나타운에는 붉은색 장식을 한 건물이 많아. 건물에는 대개 음식점, 식품점, 잡화점 등이 들어서 있어. 우리나라에도 여러 지역에 차이나타운이 있는데, 그중 인천 북성동의 차이나타운이 가장 활성화되어 있단다.

돈을 벌기 위해 다른 나라로 떠나는 사람들

2010년 남아프리카 공화국 월드컵에서 독일 대표로 뛴 메수트 외질이라는 선수를 알고 있니? 외질은 독일 국적을 지니고 있지만 여느 독일인과는 달리 축구 경기가 열리기 전에 이슬람 경전인 《코란》을 읽는 습관이 있다고 해. 외질은 터키계 독일인이기 때문이야.

독일에는 터키계 독일인이 많이 살고 있어. 터키 사람들이 독일에 몰려든 것은 1960년대 초반이란다. 당시 터키는 인구가 빠르게 증가한 데 비해 경제 사정은 좋지 않았어. 반면 독일은 제2차 세계 대전의 패배를 극복하며 빠르게 경제 발전을 이루고 있었지. 이때 독일에 외국인이 많이 몰려들었는데, 그중 터키 사람이 가장 많았어. 오늘날 독일에 거주하는 터키인과 터키계 독일인을 합하면 무려 300만 명에 달해.

독일과 마찬가지로 유럽의 다른 나라에도 외국인이 많이 살아. 대부분 아시아나 아프리카 지역 출신의 사람들로, 그중에는 불법 이민자도 적지 않지. 아프리카 각지에서 모여든 사람들은 모로코나 몰타를 거쳐 유럽으로 간다고 해. 유럽 국가들은 이런 불법 이민 때문에 골머리를 앓고 있어.

한편 유럽 사람들은 유럽이 이슬람 세계로 바뀌는 것은 아닐까 하는 황당한 걱정을 하고 있어. 유럽으로 몰려드는 외국인 노동자 대부분이 이슬람 신자거든. 유럽에는 이슬람교에 대해 반감을 갖는 사람이 늘고 있어. 그 때문에 이슬람 사람들에 대한 테러 사건이 발생하기도 하지.

아시아의 여러 나라 가운데 인구 대비 노동력 수출이 가장 많은 나

이슬람 포비아에 대항하는 사람들 2010년 12월, 유럽 전역이 이슬람화되는 것을 우려하는 회의가 파리에서 열렸어. 그러자 이에 반대하는 이슬람 사람들의 시위도 열렸지. 사진 속 플래카드의 내용은 '이슬람 포비아(이슬람 혐오증·공포증)에 대항하자.'라는 뜻이야.

라는 필리핀이야. 영어를 사용하고 붙임성이 좋은 필리핀 사람들은 싱가포르, 홍콩, 사우디아라비아, 아랍 에미리트 등 아시아뿐 아니라 이탈리아 같은 유럽 여러 나라에서 일하고 있어. 1,300만 명 정도가 외국에서 일하고 있을 정도야.

이런저런 이유로 자기 나라를 떠나 외국에서 일하는 사람은 지구촌 전체에 무려 2억 명이나 된단다. 특히 가난한 나라의 사람들이 외국에서 일자리를 얻는 경우가 많아.

필리핀을 비롯한 일부 개발 도상국의 경우 해외 노동자들이 번 돈이 국가 경제에서 커다란 부분을 차지하지. 홍차로 유명한 스리랑카의 경우, 해외 노동자들이 외국에서 땀 흘려 보내온 돈이 홍차를 팔아서 벌어들이는 돈보다 더 많다고 해.

자메이카, 아프리카 흑인 노예들이 일군 나라

자메이카는 카리브 해에 위치한 작은 나라로, 면적은 우리나라의 20분의 1 정도이고, 인구는 약 280만 명으로 인천시와 규모가 비슷하다. 자메이카는 특히 세계적인 육상 강국으로 알려져 있다. 전 세계에서 가장 빠른 사나이로 불리는 우사인 볼트를 비롯해 그의 라이벌인 아사파 포웰, 캐나다 국적의 벤 존슨 등이 모두 자메이카 출신의 선수이다.

자메이카는 아메리카에 위치하지만 인구의 90%가 흑인이다. 흑인은 폭발적인 힘을 내는 데 필요한 근육이 발달했는데, 특히 자메이카 흑인 중에는 근육의 수축과 이완을 빠르게 하는 '액티넨 A'라는 유전자를 가진 사람이 많다.

세계에서 가장 빠른 사나이, 우사인 볼트

카리브 해에 위치한 자메이카

아프리카에 흑인이 많은 것을 고려한다면 유독 자메이카에 뛰어난 흑인 육상 선수가 많은 이유는 사회적 분위기 때문이라고 볼 수 있다. 자메이카에서는 어릴 때부터 놀이 삼아 달리기를 한다. 동네 단위의 달리기 대회가 많은데, 이런 대회에서도 우리나라 국가 대표 선수만큼 달리기를 잘하는 선수를 볼 수 있을 정도이다.

자메이카에서는 1년에 70개 정도의 육상 대회가 열리고, 경기마다 2,000~3,000명의 선수가 참가한다. 경기를 거듭하면서 뛰어난 기량을 보이는 선수는 자메이카 공과 대학의 훈련소에서 체계적인 훈련을 받는다. 그래서 자메이카 국내 육상 대회는 올림픽 경기만큼 수준이 높다.

자메이카는 원래 아메리카 인디오들이 살던 땅이다. 콜럼버스가 자메이카에 발을 디딘 이후 인디오들은 백인들의 지배를 받았고, 아프리카에서 노예 신분으로 들어온 사람들이 오늘날 자메이카 땅에 사는 흑인이다. 백인들이 자메이카보다 환경이 좋은 아르헨티나 등지로 떠나면서 흑인들만의 나라가 된 것이다.

우사인 볼트 이전에 자메이카를 세계에 알린 사람은 음악가 밥 말리이다. 밥 말리는 흑인 전통 음악을 팝 음악에 접목시킨 레게 음악의 선구자로 유명하다. 자메이카 수도 킹스턴의 빈민가에서 태어난 그는 레게를 세계에 알리는 역할을 했다. 밥 말리는 '문화 혁명 지도자'라고 불릴 만큼 자메이카 사람들의 정신적 지주이기도 하다.

레게 음악의 전설, 밥 말리

저출산, 고령화가 미래를 위협해

인구 문제

인구 문제를 이야기할 때 맬서스라는 학자를 빼놓을 수 없어. 19세기 초반에 살았던 영국의 경제학자 맬서스는 세계의 인구가 매우 빨리 증가하는 것을 걱정했어. 그는 인구가 '1, 2, 4, 8, ……'의 속도로 증가하는 데 반해, 식량은 '1, 2, 3, 4, ……'의 속도로 증가한다고 했지. 시간이 흐르면서 인구와 식량 사이의 불균형은 점점 더 커지고, 인간은 결국 굶주림과 가난에 시달리게 된다는 거야. 인류 문명과 기술이 발달하면서 맬서스의 예상은 빗나갔어.

20세기 들어서 로마 클럽도 인구와 관련하여 암울한 전망을 내놓았어. 로마 클럽은 과학 기술의 진보와 이에 따른 인류의 위기를 분석하고 대책을 마련하기 위해 만든 국제 민간 단체야. 로마 클럽은 식량을 비롯한 지구 상의 자원이 증가하

맬서스 인구 증가의 결과로 사회적 빈곤을 들면서 인위적으로 인구 증가를 억제해야 한다고 주장했어.

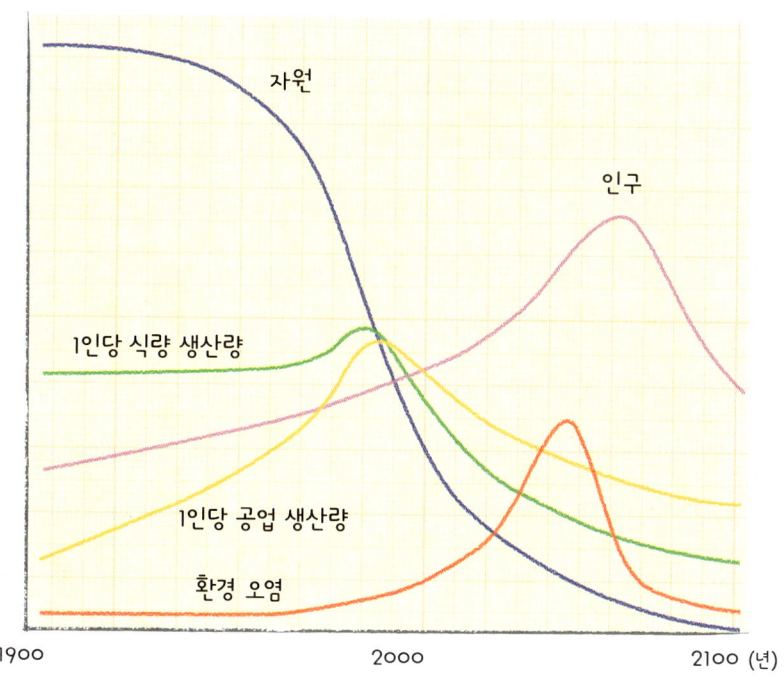

로마 클럽의 성장 한계 1972년 로마 클럽은 경제 성장이 환경 오염, 자원 고갈 등에 미치는 영향을 분석하여 발표했어. 자원이 감소하면서 식량 생산량과 공업 생산량이 줄어들어 인구도 결국 감소한다고 전망했지.

는 인구를 지탱할 수 있는지에 대해 의문을 제기했어. 로마 클럽에 따르면 인류의 문명은 2050년부터 시들어 버린다고 해. 자원이 바닥나고 식량 생산은 감소하며, 환경 오염이 심각해지기 때문이지.

로마 클럽의 경고에도 불구하고 인류는 농경지를 넓히고, 기술을 발전시키고, 새로운 자원을 개발하면서 지속적으로 문명을 발전시키고 있어. 하지만 인류의 문명이 이미 정점에 이르렀다고 생각하는 학자도 많아. 지구 온난화 때문에 2080년까지 세계 인구의 약 3분의 1이 사라진다는 섬뜩한 전망이 있을 정도야. 앞으로 인류는 과연 어떤 문제를 맞닥뜨리게 될까?

인구 문제는 왜 생기는 걸까?

인구 문제는 매우 다양하단다. 아이를 너무 많이 낳아 인구가 지나치게 증가하는 것, 아이를 낳지 않아 인구가 증가하지 않거나 줄어드는 것, 평균 수명이 늘어 노인 인구가 증가하는 것 등이 모두 인구 문제에 해당해. 하지만 그중에서도 가장 심각한 인구 문제는 인구가 지나치게 많아서 생겨난 인구 과잉의 문제야.

오늘날은 전 세계 인구가 70억 명에 이르고, 2050년에는 92억 명까지 증가할 것이라고 해. 지구가 그 많은 사람을 먹여 살릴 수 있을까?

인구 과잉 문제는 특정 지역, 나아가 지구촌에 너무 많은 사람이 살기 때문에 발생해. 한정된 지구 공간 안에서 인구가 증가하면 자원 고갈과 환경 오염 등이 발생하지. 지구 온난화와 산성비 같은 환경 문제도 근본적으로는 인구 증가와 관련된 문제야. 또한 인구가 늘면 식량이 부족해져. 영양 부족에 시달리는 사람이 많아지고, 식량의 불안정한

저출산, 고령화 사회를 우려하는 내용의 공익 광고

공급 같은 문제가 따르기도 하지.

최근 떠오르는 또 다른 인구 문제는 저출산과 고령화 문제야. 의료 보건 기술이 발달하고 영양 상태가 좋아지면서 평균 수명이 크게 늘었지만, 태어나는 아이들은 적은데 평균 수명이 길어진다는 것을 긍정적으로 볼 수만은 없지. 우리나라의 경우 저출산 문제가 매우 심각해. 수백 년 뒤에는 우리나라 사람들이 모두 사라지게 된다는 예측도 있어. 공룡이 멸종한 것처럼 한국인이 모두 사라질 수도 있다는 이야기지.

늙어 가고 있는 선진국들

기발한 상상력을 발휘하는 프랑스 작가 베르나르 베르베르의 작품 중에 〈황혼의 반란〉이라는 단편 소설이 있어. 초고령 사회인 프랑스에서 일어나는 노인 배척 운동에 관한 가상의 이야기야. 젊은이들은 노인을 일도 안 하고 밥만 축내는 존재라고 생각하고, 학자들은 사회 보장으로 인해 재정 적자가 발생하는 것은 노인들 때문이라고 주장하지. 대통령은 "노인을 영원히 죽지 않는 로봇으로 만들 수는 없다."며 노인에 대한 의료 지원을 대폭 삭감하기까지 해.

급기야 정부는 자녀와 연락이 끊긴 노인들을 안락사시키는 제도까지 만들어. 젊은이로 구성된 체포조에 붙잡힌 노인들은 '휴식 평화 안락 센터'라 불리는 곳으로 끌려가서 주사를 맞고 강제로 죽음을 맞게 돼.

이 제도에 반발한 노인들은 정부와 싸움을 시작하고, 산으로 들어가서 게릴라가 되지. 그러자 정부는 산에 독감 바이러스를 퍼뜨려 노인들을 모두 죽음에 이르게 해.

황당하고 기괴한 소설이기는 하지만 프랑스의 노인 문제, 나아가 선진국의 노인 문제가 얼마나 심각한지를 보여 주는 이야기야.

고령화 문제를 겪고 있는 나라는 대부분 유럽의 여러 나라와 일본 등 선진국이야. 우리나라 또한 빠르게 고령화

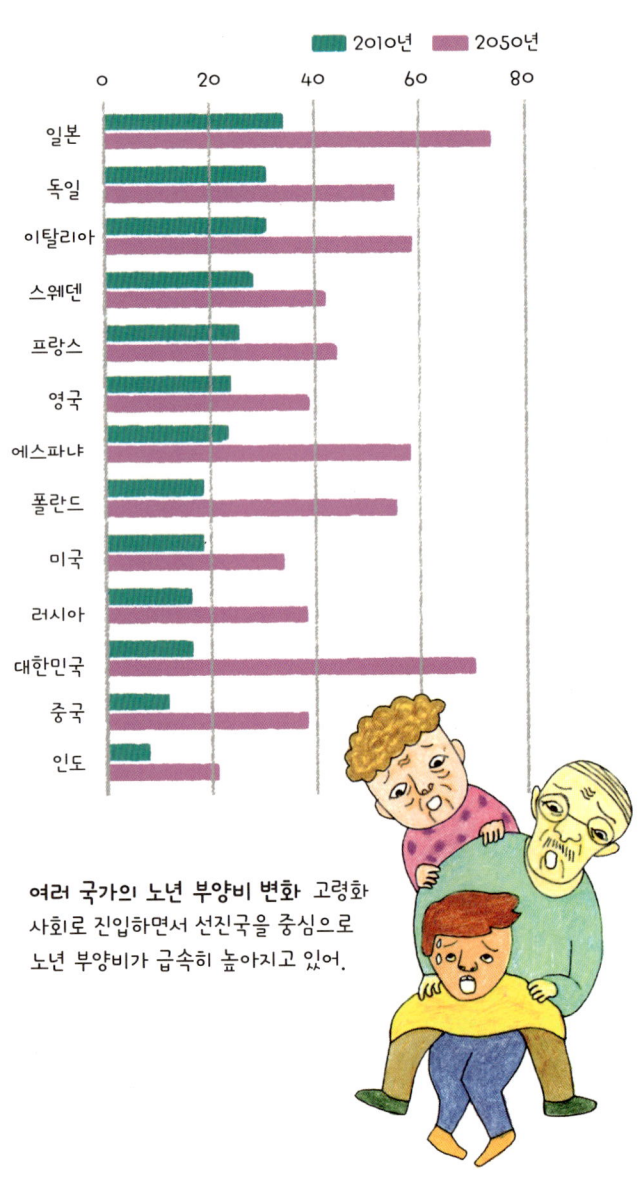

여러 국가의 노년 부양비 변화 고령화 사회로 진입하면서 선진국을 중심으로 노년 부양비가 급속히 높아지고 있어.

가 이루어지고 있는 나라로 떠오르고 있어.

전체 인구를 연령에 따라 세 영역으로 구분할 때, 0~14세를 유소년 인구, 15~64세를 청장년 인구, 65세 이상을 노년 인구라고 해. 이들 중 일하는 사람들은 청장년 인구이기 때문에 유소년 인구나 노년 인구는 청장년 인구에 의존할 수밖에 없지.

청장년 인구가 노년 인구를 부양해야 하는 정도의 값을 '노년 부양비'라고 하는데, 고령화로 인해 각국의 노년 부양비가 높아지고 있어. 앞의 그래프에 따르면, 일본의 노년 부양비는 2010년 약 35에서 2050년에는 75까지 높아질 전망이야. 그만큼 고령화 현상이 빠른 속도로 진행된다는 거지.

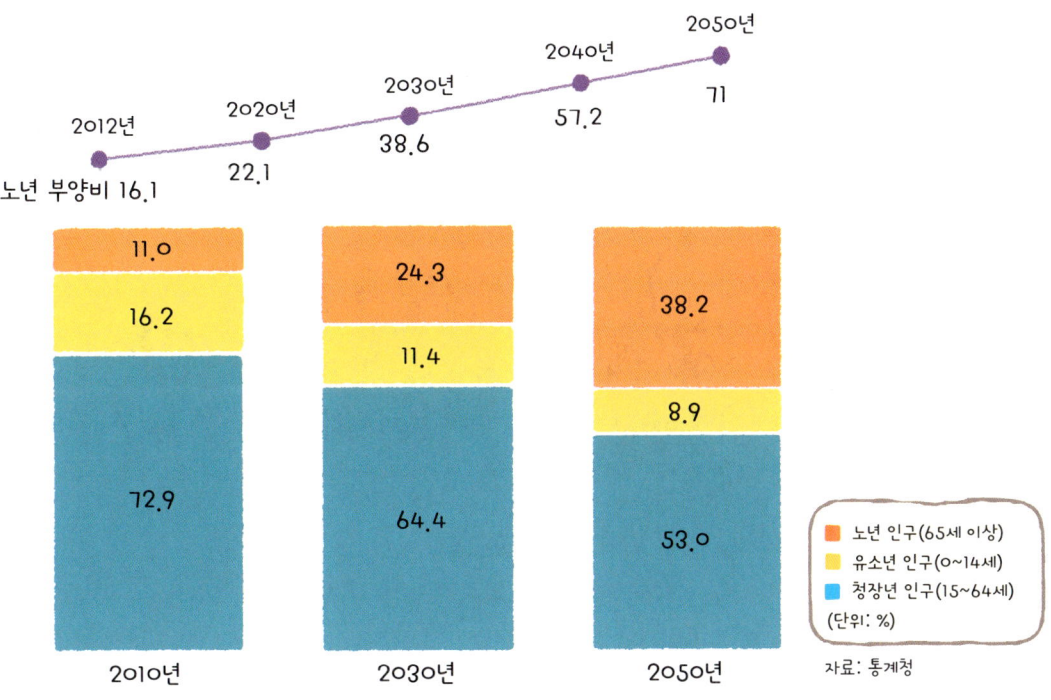

우리나라의 인구 구성 비율 전망 저출산, 고령화로 유소년 인구와 청장년 인구가 줄고, 노년 인구가 늘어나 사회적·경제적 문제가 커질 전망이야.

고령화는 사회적으로 커다란 부담이야. 최근 선진국의 여러 나라에서 국가 재정이 어렵다는 이야기가 나오고 있는데, 그것이 노인 인구의 증가와 밀접한 관련이 있다고들 말하지.

저출산이 불러오는 문제

고령화 문제 못지않게 사회적으로 심각한 문제가 저출산 문제야. 한 나라의 출산력을 파악하기 위해서는 합계 출산율을 알아야 해. 합계 출산율이란 출산이 가능한 여성이 평생 동안 낳을 수 있는 자녀의 수를 말해.

한 나라의 인구를 유지하기 위해서는 여성 1명당 몇 명을 낳아야 할까? 적어도 2명 이상은 낳아야 한단다. 질병이나 사고로 아이가 죽기도 하기 때문에 여성 1명당 2.1명은 낳아야 인구가 유지된다고 해서 합계 출산율 2.1을 '대체 출산율'이라고 해.

각국의 합계 출산율과 소득 수준은 반비례해. 아프리카의 가난한 나라에서는 여성 1명당 5~6명의 아이를 낳는 반면, 유럽의 선진국에서는 여성 1명당 낳는 아이가 채 2명도 되지 않아. '국가별 소득 수준과 합계 출산율' 그래프를 보면 선진국들의 합계 출산율이 대부분 대체 출산율보다 낮음을 알 수 있어.

선진국 사람들은 왜 아이를 낳지 않으려고 할까? 가장 큰 원인으로 가족관의 변화를 들 수 있어. 유럽에는 결혼을 하지 않는 독신자와 결혼을 하더라도 아이를 낳지 않는 부부가 점점 많아지고 있어. 게다가

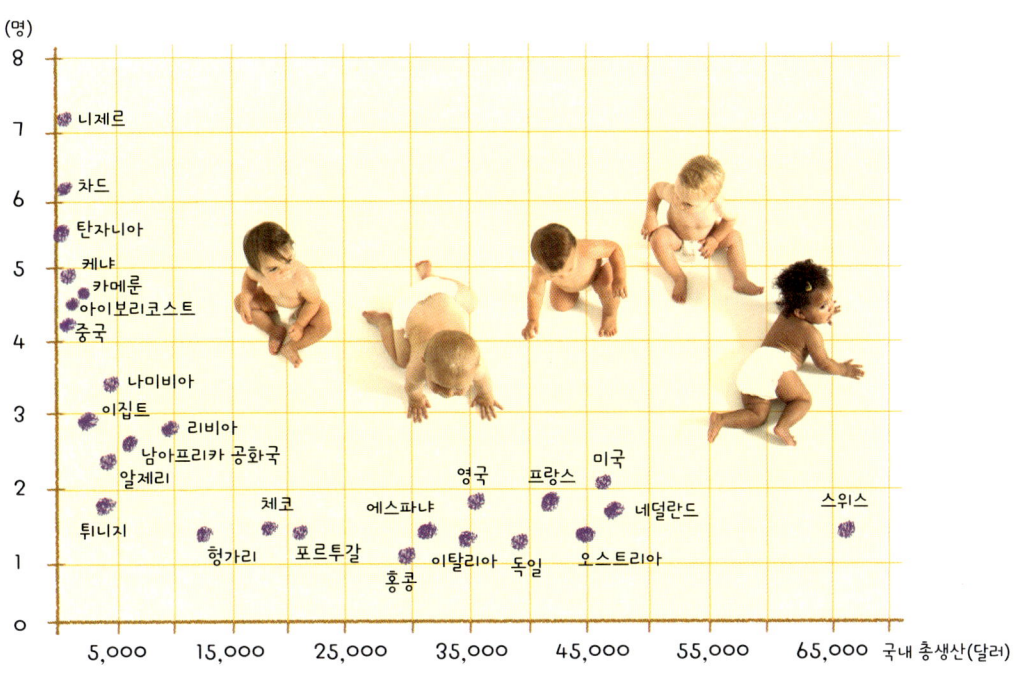

국가별 소득 수준과 합계 출산율 소득 수준이 높은 국가일수록 저출산 현상이 심각하다는 것을 알 수 있어. 합계 출산율이 2.1 미만이면 인구가 감소해.

 최근에는 세계 경제가 침체되어 일자리가 적어지면서 젊은이들이 가정을 이루고 아이를 낳기가 점점 힘들어지고 있지.
 저출산은 고령화와 밀접한 관련이 있단다. 아이를 낳지 않거나 1명만 낳는 사람이 많아지면서 고령화 속도가 점점 빨라지고 있어. 노인들이 늘고 아이들이 줄어들면 경제 활동 인구가 감소하게 되고, 결국 전체 인구가 감소한단다. 그래서 선진국들은 출산을 장려하는 다양한 정책을 펼치고 있어.

개발 도상국에는 굶주리는 사람이 많아

우리나라에는 살을 빼려고 밥을 굶는 사람이 많지만, 개발 도상국에는 먹을 것이 없어 밥을 굶는 사람이 많아. 지도를 보면 중남부 아프리카, 아시아의 여러 나라, 중남부 아메리카 등지의 기근 인구 비율이 높은 것을 알 수 있어. 특히 중남부 아프리카에는 인구의 35% 이상이 굶주림에 시달리는 나라가 많단다.

세계은행에 따르면, 전 세계 인구 중 13억 명 이상이 하루 1.25달러 이하로 생활하는 최극빈층이야. 이들은 대부분 개발 도상국에 살고 있는데, 아시아에 6억 명이 넘고 아프리카에도 2억 명이 넘어. 가장 심각한 곳은 중남부 아프리카야. 이 지역의 인구는 빠르게 증가하는 것과

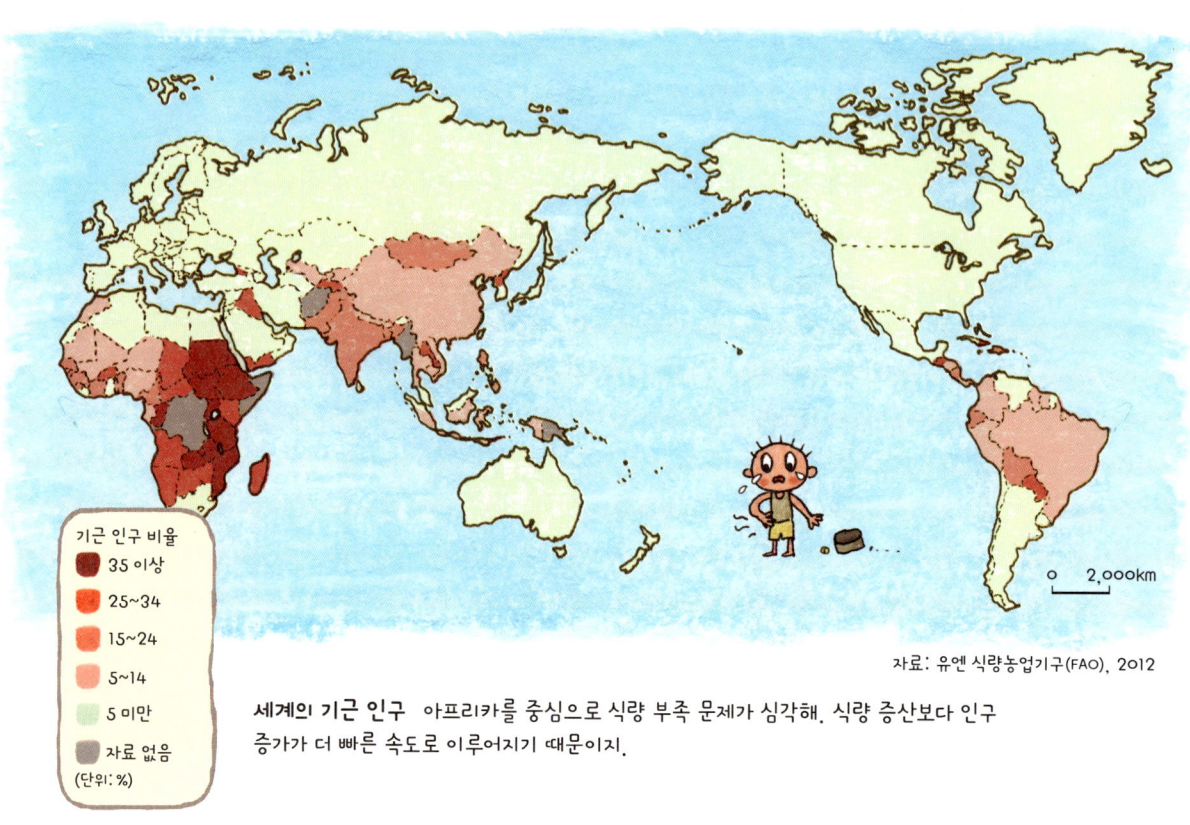

자료: 유엔 식량농업기구(FAO), 2012

세계의 기근 인구 아프리카를 중심으로 식량 부족 문제가 심각해. 식량 증산보다 인구 증가가 더 빠른 속도로 이루어지기 때문이지.

달리 식량 생산량은 증가하지 않고 있어 문제가 심각하단다.

개발 도상국의 어린이들은 힘든 노동에 시달려. 아프리카나 아시아의 쓰레기 처리장에는 늘 아이들이 모여들지. 아이들은 쓰레기 더미에서 음식물을 구하고, 버려진 가전제품에서 전선 같은 것을 얻는단다. 하루 종일 쓰레기 더미 위를 떠돌면 우리나라 돈으로 1,000원 정도를 버는데, 그걸 가족의 생활비로 사용한단다.

필리핀 마닐라의 빈민가 아이들 개발 도상국의 도시에는 빈민촌이 형성되기도 해. 빈민촌의 아이들은 노동에 시달리거나, 쓰레기 더미에서 물건을 주워 생계를 유지하는 경우도 많아.

전 세계적으로 개발 도상국 어린이들을 돕는 움직임이 늘고 있어. 유명한 영화배우나 가수가 나서서 아프리카 어린이들을 돕는 경우가 많아. 우리나라도 아프리카에서 봉사 활동을 하는 연예인이 점점 많아지고 있단다.

유니세프 후원으로 할 수 있는 일

3만 원으로
탈수증에 걸린 어린이 430명에게 구강 수분 보충염을 줄 수 있습니다.

20만 원으로
1만 6,000L의 물을 정화시킬 수 있는 식수 정화제를 줄 수 있습니다.

5만 원으로
한 가족에게 위생 용품 세트를 줄 수 있습니다.

30만 원으로
집을 잃은 이재민을 위한 임시 거주용 텐트를 제공할 수 있습니다.

10만 원으로
재해 지역 어린이들에게 기초 의약품 세트 3개를 제공할 수 있습니다.

60만 원으로
40명의 어린이들이 사용할 수 있는 학습 상자 2세트를 줄 수 있습니다.

1 사람으로 가득 차고 있는 지구

직접 아프리카에 가서 봉사 활동을 하는 일은 어렵지만, 후원 단체를 통해 아이들을 돕는 방법도 있단다. 국제 연합(UN)의 아동 구호 단체인 유니세프(UNICEF)를 비롯해 여러 단체의 행사에 참여한다든지, 용돈을 모아 후원금을 보낸다면 고통받는 어린이들을 도울 수 있어.

여자보다 남자가 훨씬 많다고?

너희 반에는 남자아이와 여자아이가 각각 몇 명이 있니? 우리나라 초등학교 교실에는 대부분 여자아이보다 남자아이가 많아. 이는 부모들이 남자아이를 더 선호하기 때문에 나타나는 현상이야.

자연 상태에서는 여자아이 100명당 남자아이 102~106명이 태어난다고 해. 여성 100명당 남성의 수를 성비라고 하는데, 태어나는 아이의 성비가 100~106 정도면 정상 범주에 속해. 그것보다 성비가 높으면 남아 선호 사상이 작용하여 출산을 조절한 거야.

중국의 출생 성비는 120으로, 중국은 전 세계에서 출생 성비가 가장 높은 나라야. 중국 정부는 인구의 대다수를 차지하는 한족에게 부부당 1명의 자녀만 낳도록 출산을 제한했어. 그러자 사람들은 주로 남자아이를 낳았어. 중국도 우리나라처럼 남아 선호 사상이 강하거든. 성비의 불균형은 아이가 어른이 되면서 문제가 두드러져. 결혼을 할 즈음 짝을 구하기 어려워지기 때문이지.

여성보다 남성이 훨씬 많은 나라는 카타르와 아랍 에미리트야. 두 나라의 성비는 200 정도로, 남성이 여성보다 2배나 많아. 서남아시아의 쿠웨이트, 오만, 사우디아라비아에도 남성이 여성보다 훨씬 많지. 이는 동남아시아의 여러 나라에서 일자리를 찾아 건너간 사람들이 주로 남자이기 때문이야.

러시아, 우크라이나, 에스토니아, 라트비아, 벨라루스, 리투아니아는 여성이 남성보다 많은 나라야. 러시아의 성비는 85 정도로, 여성 100명에 남성이 85명 있는 꼴이야. 이처럼 러시아에 남성이 여성보다 적은 이유는 전쟁으로 인해 사망한 남성이 많고, 남성들이 술을 많이 마시기 때문이라는 이야기도 있어.

우리나라의 저출산 문제

아빠의 형제자매는 6명이야. 하지만 너에게는 형제자매가 없지. 아빠와 엄마가 결혼을 늦게 해서 너 하나만 낳은 탓이야. 너뿐 아니라 네 친구들의 가정에도 자녀 수가 1명이나 2명인 경우가 대부분일 거야.

우리나라는 세계에서 가장 빠르게 경제가 발전했고, 그에 따라 사회적 변화도 급속하게 이루어졌어. 합계 출산율의 변화도 놀라울 정도지. 1960년 우리나라의 합계 출산율은 6.3이었어. 여성 1명이 6.3명의 아이를 낳았다는 뜻이야. 이후 정부가 가족계획 정책을 펼치면서 합계 출산율이 급속도로 낮아졌어. 눈 깜짝할 사이에 대체 출산율 이하로 내려가더니, 지금은 1에 가까워졌어. 결국 합계 출산율이 세계에서 가장 낮은 나라 가운데 하나가 되고 말았지.

사람들은 왜 아이를 낳지 않는 걸까? 우리나라의 저출산과 고령화

우리나라의 합계 출산율 변화 우리나라의 합계 출산율은 급격히 낮아지고 있어. 세계에서 가장 낮은 수준이야.

문제를 연구하는 단체인 '2.1 연구소'는 출산율이 낮은 이유로 아이를 기르고 교육하기 어려운 환경을 들었어. 아이 1명을 낳아서 대학교까지 졸업시키는 데는 약 2억 3,000만 원이 든다고 해. 게다가 결혼까지 도와주려면 비용은 더욱 증가하겠지. 부족한 일자리, 비싼 집값, 불확실한 노후 등도 우리나라 저출산 요인으로 꼽을 수 있단다.

2.1 연구소의 '2.1'은 대체 출산율을 의미해. 우리나라의 인구를 유지하려면 여성 1명당 2.1명의 아이를 낳을 수 있는 건강한 사회를 만들어야 해. 2.1이라는 수치에는 사람들이 만나서 사랑하고, 아이를 낳고, 그래서 각 세대의 인구가 조화를 이루는 사회가 후손들에게 물려줄 바람직한 사회라는 뜻이 담겨 있단다.

그러기 위해 우리는 양성 평등, 보육, 교육, 의료, 주택, 연금, 환경 문제 등에 신경 써야 해. 우리는 단순히 출산 장려 정책을 펼치면 출산율이 높아질 거라고 생각하는데, 이는 잘못된 생각이야.

남녀를 차별하지 않는 사회를 만들고, 자라나는 세대의 보육과 교육, 의료와 복지 서비스의 질을 높이고, 주거와 연금 및 환경 문제 등을 국가 정책적으로 해결해 나가야 해. 그러면 자연스럽게 출산율이 높아질 거야.

출산 장려 포스터 최근에는 저출산 문제를 극복하기 위해 출산을 장려하는 정책을 펼치고 있어.

아빠는 우리나라의 미래가 희망차길 바라. 네가 어른이 된 사회에서는 합계 출산율이 2.0을 넘으면 좋겠어. 우리나라도 진정한 복지 국가가 되어서 말이야.

우리나라의 고령화 문제

우리나라의 출산율은 낮아졌지만, 소득이 증가하면서 생활 수준이 향상되고 보건 의료 기술이 발전함에 따라 평균 수명이 크게 늘었어.

특히 1988년부터 국민 의료 보험 제도가 실시되면서 국민들의 건강 수준이 크게 향상되었지. 1960년대 우리나라의 평균 수명은 약 50세에 지나지 않았지만, 2010년에는 약 80세로 길어졌어.

전체 인구 가운데 65세 이상의 노인이 차지하는 비율을 고령화율이라고 해. 우리나라의 고령화율은 꾸준히 높아지고 있어. 2000년에는 노인 인구가 전체 인구의 7.2%를 차지하면서 고령화 사회에 들어섰고, 특히 농촌 지역은 65세 이상의 노인이 100명 중 15명일 정도로 고령화가 빠르게 진행되었어. 2010년 기준 우리나라의 고령화율은 11%에 도달했어. 일부 농촌 지역의 경우 고령화율이 30%를 넘어서기도 해.

2026년이 되면 65세 이상의 인구가 20%를 넘어서 초고령 사회로 접어든다고 해. 놀라운 점은 우리나

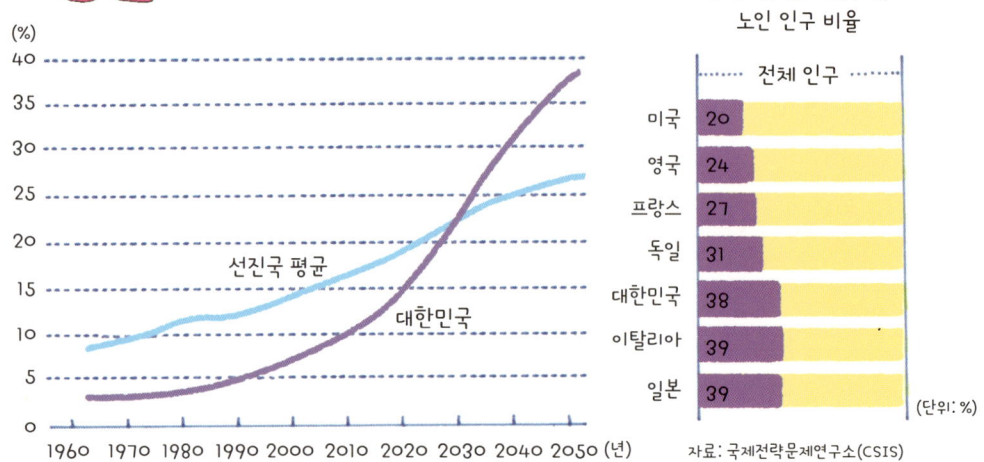

우리나라와 선진국의 고령화율 우리나라의 고령화율은 빠르게 높아져 2030년 전에 선진국의 평균을 넘어설 전망이고, 2050년에는 일본 및 이탈리아와 함께 세계 최고령 국가가 될 거라고 해.

라의 고령화 수준이 2030년 즈음에는 선진국의 평균을 넘어선다는 거야. 그만큼 고령화와 관련된 다양한 문제가 나타날 것이라고 짐작할 수 있어.

  고령화가 진행되면서 다양한 문제가 생겨나고 있어. 일정한 소득이 없는 노인들은 빈곤과 질병, 외로움에 시달리고 있어. 우리나라의 노인 빈곤율은 약 45% 정도인데, 이는 선진국에 비해 높은 수치야. 노인들의 자살률이 빠르게 높아지는 이유도 이와 관련이 있어.

  노년 인구가 급속히 증가하는 과정에서 생산 가능 인구의 비중은 낮아지고 있어. 이렇게 노년 인구가 증가하고 청장년 인구가 감소하면 청장년층이 부담해야 할 개인적·사회적 비용이 증가해. 정부는 고령화 사회에 대처해 나가기 위해 노인 노동력을 활용할 만한 일자리를 늘리고, 노인들에게 취업 훈련을 받을 기회를 제공하기 위해 노력하고 있어. 정년을 늦추는 기업도 많아지고 있단다.

왜 프랑스 상점에는 문턱이 없을까?

2012년 합계 출산율을 보면 싱가포르가 세계에서 가장 낮은 0.79명, 마카오가 0.93명, 타이완과 홍콩이 각각 1.11명이다. 우리나라는 세계에서 여섯 번째로 낮은 1.24명이다. 인구 대국인 중국도 1.55명으로 매우 낮은 수준이다. 아시아 국가들의 출산율이 전체적으로 매우 낮아진 것이다.

반면 출산을 기피한다고 알려진 유럽의 프랑스는 2.08명이다. 프랑스에서는 한 쌍의 부부가 적어도 2명의 아이는 낳고 있다는 뜻이다. 프랑스의 출산율은 대체 출산율인 2.1명에 가깝다.

어떻게 프랑스의 출산율이 높아진 걸까? 프랑스 정부는 아이를 낳기 전부터 출산을 지원한다. 임신 7개월이 되면 800유로, 우리나라 돈으로 120만 원 정도를 지급하고 공립 병원에서 출산하면 모든 비용을 지원한다. 아이를 3명 이상 낳으면 카드를 발급해서 대중교통을 이용할 때 할인 혜택을 준다. 아이가 3명이면

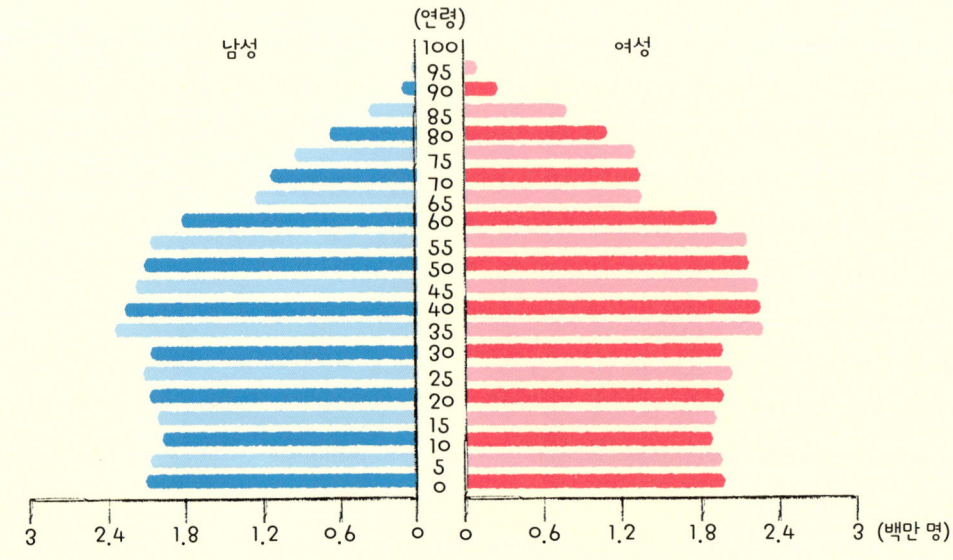

프랑스의 인구 피라미드 출산 장려 정책을 펼친 결과 프랑스 인구 피라미드의 밑변이 넓어졌어.

30%, 4명이면 40%, 5명이면 50%까지 할인을 받을 수 있다. 셋째 아이를 낳는 여성이 육아 휴직을 하면 매달 750유로, 우리 돈으로 100만 원 정도의 보조금을 지급받을 수 있다. 셋째 아이를 낳은 가정은 휴가비와 이사비를 지급받고, 식당이나 영화관, 옷 가게와 신발 가게 등에서도 할인 혜택을 받을 수 있다. 셋째 아이는 말 그대로 '황금 덩어리'인 것이다.

육아 환경도 개선되었다. 태어난 지 1년만 지나면 아이를 공립 유아원에 맡길 수 있고, 유치원에서 대학까지 교육비를 대부분 정부에서 지원한다. 공교육이 잘 이루어지고 있기 때문에 사교육비도 들지 않는다.

파리의 길거리에서는 유모차를 밀고 다니는 젊은 부부들을 쉽게 볼 수 있다. 버스에 유모차가 오르내리는 장면이 자연스럽고, 상점에는 문턱이 없어 유모차를 끌고 편하게 드나들 수 있다. 프랑스는 임산부와 어린아이, 부모를 배려하는 사회 분위기를 조성했다. 이렇게 아이를 낳고 기르기 좋은 환경을 만들어 출산율을 크게 높인 것이다.

2 도시, 지구를 뒤덮다

지구인의 절반은 도시인
다양한 모습의 매력적인 도시
우리가 꿈꾸고 희망하는 도시

지구인의 절반은 도시인

도시와 도시화

아빠는 경상북도의 점촌이라는 작은 읍에서 태어났단다. 점촌읍은 점촌시가 되었다가 주변의 농촌 지역과 합쳐지면서 지금은 문경시로 이름이 바뀌었어. 점촌은 시간이 흐르면서 인구가 오히려 줄어들고 있어. 점촌에 살던 시절, 점촌보다 꽤 큰 도시인 김천에 간 적이 있어. 네 할머니의 손을 잡고 기차역 주변을 구경했는데, 건물도 높고 사람도 많아서 놀랐지. 건물의 높이가 무려 5층이나 되다니!

처음으로 서울 구경을 한 건 6살 때였어. 어린 아빠에게 서울은 멋진 신세계였어. 특히 밤에는 세상의 모든 등불을 서울에 모아 놓은 듯 화려했지. 낮에는 버스를 타고 삼일빌딩이라는 높은 건물 옆을 지났는데, 건물을 올려다보니 하늘보다 아득한 느낌이 들었어. 고개를 한껏 젖히고 건물의 층수를 세다가 포기했던 기억이 나는구나.

아빠는 초등학교 2학년 때 서울로 이사했어. 서울 북동쪽의 하월곡동이라는 산동네에서 서울 생활을 시작했는데, 화려한 서울과는 거

1970년대 서울 풍경과 오늘날의 서울 풍경 서울은 우리나라의 심장에 해당해. 서울의 변화를 통해 우리나라의 사회적·경제적 발달 모습을 엿볼 수 있어.

리가 먼 동네였지. 아빠가 살던 집은 벽돌 위에 판자와 기름 먹인 종이 등을 덧대어 만든 판잣집이었어. 그것도 사글셋방 신세였지. 오히려 점촌에서 살던 집이 더 좋았어. 서울에 대한 환상이 한순간에 깨져 버렸단다.

　아빠는 이렇게 한적한 시골에서의 삶과 북적북적한 도시에서의 삶을 모두 경험해 보았어. 반면에 너는 서울에서 태어나고 자라서 아빠와 달리 시골에서 살아 본 경험이 없지. 시골과 도시는 어떻게 다른지, 시골과 다른 도시만의 특징은 무엇인지 궁금하지 않니?

도시란 무엇일까?

'도시'라는 말에 담긴 뜻을 알고 있니? 도시(都市)의 '도(都)'는 정치 또는 행정의 중심지라는 뜻이고 '시(市)'는 시장, 곧 경제의 중심지라는 뜻이야. 영어로는 도시를 '시티(city)'라고 하지. 시티는 고대 로마의 도시 또는 로마 시민권을 뜻하는 '시비타스(civitas)'에서 유래한 말이란다.

동양의 전통에서 도시는 지배층과 지배층의 삶을 돕는 사람들이 거주하던 곳이야. 서양의 전통에서 도시는 시민 계급 혹은 자유민의 땅으로, 계급 사회의 속박에서 벗어난 사람들이 살던 곳이지. '도시의 공기는 사람을 자유롭게 한다.'라는 중세 서양의 속담이 보여 주듯 도시는 자유민의 공간이었단다.

도시와 상대되는 곳은 촌락이야. 촌락은 흔히 시골이라고도 하지. 촌락에는 사람이 적게 사는 반면, 도시에는 많은 사람이 모여 살아. 사람

고대 도시 로마 고대에는 교통의 요지, 상업의 중심지, 권력이 집중된 곳에 도시가 발달했어. 로마는 고대 로마 시대 정치와 경제의 중심지였어.

들이 어떤 산업에 종사하느냐에 따라 인구 차이가 발생한단다. 촌락에 사는 사람은 대부분 농업과 어업 같은 1차 산업에 종사하는 반면, 도시 사람들은 제조업과 서비스업 같은 2·3차 산업에 종사해.

　만약 농사를 지어서 먹고산다면 넓은 땅이 필요하겠지만, 도시의 공장에서 일하거나 사무실에서 일한다면 좁은 공간만으로도 충분하겠지? 그래서 도시의 인구 밀도는 높고, 촌락의 인구 밀도는 낮아. 이는 경관의 차이를 가져 온단다. 특히 우리나라 도시는 건물이 빽빽하게 모여 있고, 주거 지역도 고층 아파트가 많아서 밀집도가 매우 높아. 반면에 농촌에는 산지와 들판으로 이루어진 넓은 땅에 여러 채의 집이 모여 마을을 이루지. 항공 사진을 보면, 도시와 농촌의 차이를 쉽게 알 수 있어.

도시의 모습(위)과 촌락의 모습(아래) 도시(서울 송파구)는 건물의 밀도가 높으며 사람이 많이 살고, 촌락(경상북도 예천군)은 건물의 밀도가 낮으며 주로 농업 활동이 이루어져.

얼마나 많은 사람이 모여 살아야 도시가 될까? 그 기준은 나라마다 달라. 우리나라의 경우 인구가 5만 명이 넘어야 도시가 될 수 있고, 독일과 프랑스는 2,000명만 넘어도 도시로 분류한단다.

도시화는 어떻게 이루어질까?

'도시화'라는 말에는 다양한 의미가 담겨 있어. 도시의 수가 많아지는 것, 도시의 면적이 넓어지는 것 모두 도시화라고 할 수 있지. 하지만 일반적으로 도시화란 전체 인구 중 도시에 사는 사람의 비중이 높아지는 것을 의미해. 1960년 우리나라의 도시화율은 37%였는데, 최근에는 90%에 이르고 있어.

친구들과 교실에서 손들기 놀이를 해 보자. 한 번 손을 든 사람은 계속 들고 있어야 해. 우선 할아버지가 도시에서 태어난 사람 손들기. 다음으로 아빠가 도시에서 태어난 사람 손들기. 그리고 마지막으로 본인이 도시에서 태어난 사람 손들기. 이렇게 손들기 놀이를 해 보면 우리나라의 도시화율이 급격히 높아진 것을 알 수 있어. 우리 가족도 마찬가지야. 할아버지는 촌락에서, 아빠는 소읍에서, 너는 도시인 서울에서 태어났잖니.

최근에는 도시에 거주하는 인구의 비율만 가지고 도시화를 따지지 않아. 예를 들면 아빠가 일을 그만두고 한적한 농촌으로 이사해서 글을 쓰는 사람이 되었다고 생각해 보자. 아빠가 아침저녁 들과 산으로 산책을 다닐 뿐 농사를 전혀 짓지 않는다면, 아빠는 시골에서의 삶을

도시적 삶의 여러 모습 도시 공간에서는 일과 여가 활동이 어우러져, 사람들은 일을 위해 이동하고, 사무실이나 공장에서 일하지. 일이 끝나면 도시의 거리에서 친구를 만나기도 하고, 야구장에서 여가 시간을 보내기도 한단다.

사는 걸까? 그건 아니겠지!

 그래서 몇몇 학자들은 도시화를 '도시적 삶의 방식의 확대'라고 보기도 해. 이들은 도시화가 단순히 사람들이 도시로 몰려드는 것이 아닌 본질적인 사회 변화를 가리킨다고 말해. 도시에서는 물론 촌락에서도 대가족이나 이웃의 의미가 흐려지는 현상, 전통적 공동체의 유대감이 느슨해지는 현상 등을 도시화라고 보는 거지. 좋게 보면 도시화로 인해 사람들의 자유가 확대되고 창의성을 발휘할 영역이 넓어지지만, 나쁘게 보면 공동체에 대해 무관심해지고 주체성을 잃게 된다고 볼 수 있어.

선진국과 개발 도상국의 도시화

도시화는 커다란 흐름이라고 할 수 있단다. 전 세계적으로 촌락에 사는 사람들이 도시로 모여드는 이촌 향도 현상이 나타나고 있어. 이유는 산업 구조의 변화 때문이야. 1차 산업이 차지하는 비중이 낮아지고, 2·3차 산업이 차지하는 비중이 높아졌지.

2010년은 세계 도시화의 흐름에서 보면 의미있는 해였어. 처음으로 전 세계의 도시 인구가 촌락 인구를 앞질렀거든. 앞으로 도시화율은 점점 더 높아질 거야. 그만큼 도시 공간이 우리의 미래에 더 중요해진다는 뜻이지.

도시화가 가장 먼저 시작된 나라는 영국이야. 산업 혁명으로 공업화가 시작되면서 본격적으로 도시화가 진행되었지. 맨체스터와 리버풀 같은 공업 도시들이 철광석과 석탄 등의 자원을 바탕으로 성장하면서 도시에 인구가 집중되기 시작한 거야. 19세기에 들어서는 인구

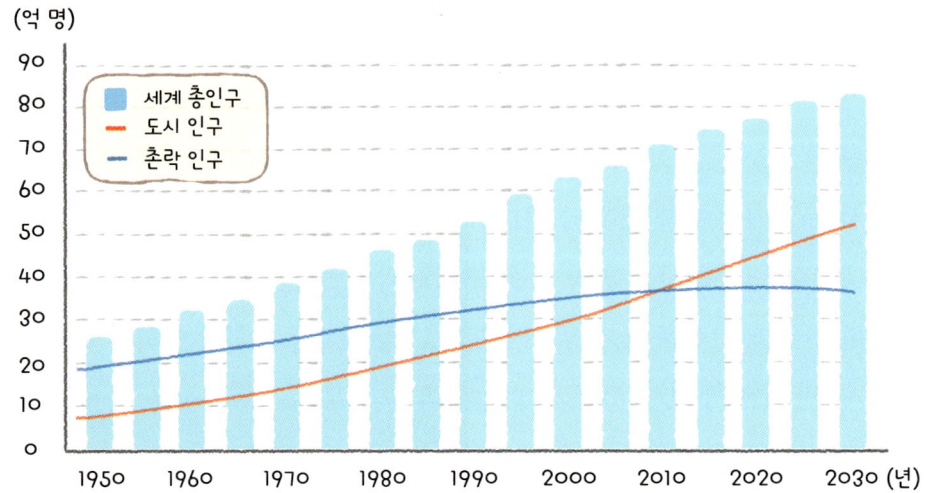

세계의 도시 인구와 촌락 인구 변화 앞으로는 도시에 거주하는 인구가 촌락에 거주하는 인구보다 점점 더 많아질 거야.

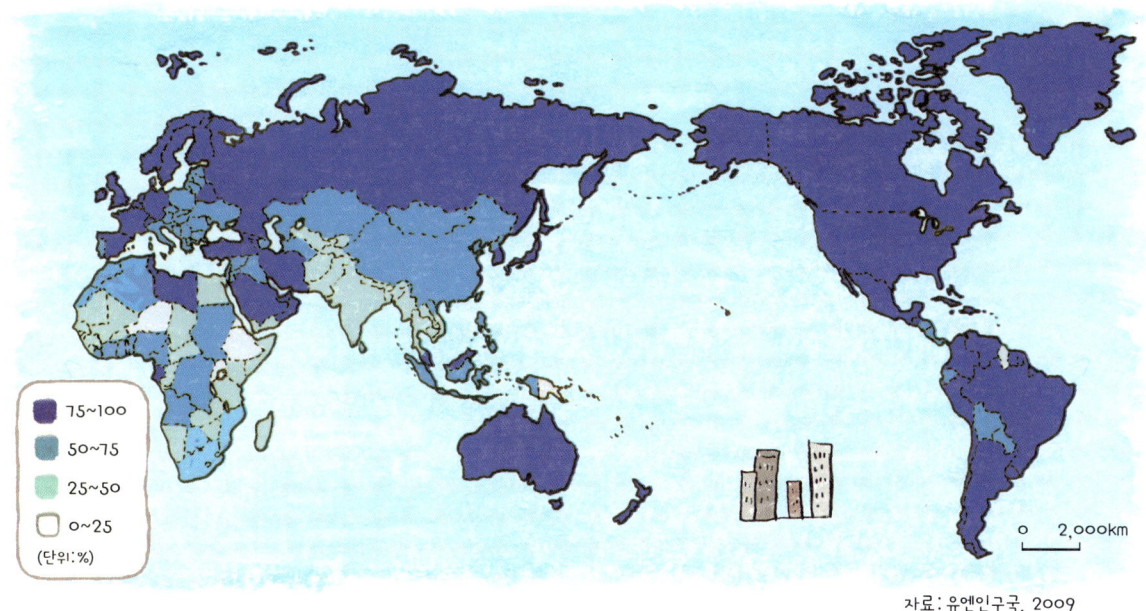

세계의 국가별 도시화율 산업화 과정을 일찍 겪은 선진국일수록 도시화율이 높고, 개발 도상국 중에서는 남아메리카에 위치한 국가들의 도시화율이 매우 높게 나타나고 있어.

100만 명의 대도시가 탄생했단다.

　선진국은 개발 도상국에 비해 산업 구조의 변화가 일찍 시작되었어. 산업 구조가 바뀌었다는 것은 도시화가 이루어졌다는 의미야. 선진국의 도시화는 오랜 시간에 걸쳐 천천히 이루어졌지. 반면 개발 도상국은 최근에 이르러서야 산업화가 시작되었고, 산업 구조의 변화가 빠르게 이루어지고 있어. 도시화율이 빠르게 높아지고는 있지만, 전체적으로 보면 개발 도상국의 도시화율은 선진국에 비해 아직 낮은 편이지.

　오랜 시간에 걸쳐 도시화가 이루어진 선진국의 도시와는 달리, 도시화가 급속히 이루어진 개발 도상국에서는 인구 과잉에 따른 도시 문제가 많이 발생한단다. 주택 부족과 교통 체증 같은 문제뿐만이 아니라 대기 오염, 수질 오염 등의 환경 문제도 무척 심각해.

도시마다 성장 속도가 달라

찜닭과 간고등어로 유명한 도시가 어디인지 아니? 경상북도에 위치한 안동이야. 우리나라 유교 문화의 본고장으로 알려진 안동에는 문화 유적이 많아. 99칸짜리 기와집도 있고, 통일 신라 시대에 세워진 유서 깊은 절인 봉정사도 있어. 그리고 안동시의 서쪽에는 유네스코가 세계 문화 유산으로 지정한 하회 마을이 있단다. 그만큼 안동은 역사가 깊은 도시야.

안동은 1963년에 도시로 승격했어. 당시 안동의 인구는 약 6만 명이었단다. 경상북도에서 대구, 포항과 함께 큰 도시로 꼽혔지. 1990년대 후반에는 인구가 약 20만 명이 되었어. 도농 통합시라는 제도에 따라 안동시 주변의 농촌 지역이 안동시에 통합되면서 인구가 증가했지. 그

안동의 하회 마을 하회 마을은 세계 문화 유산으로 지정된 우리나라 전통 마을이야.

성남시의 변화 분당 신도시가 건설되기 전후 모습이야. 성남은 분당 신도시 건설 이후 인구가 유입되면서 100만 명에 이르는 커다란 도시가 되었어.

런데 2010년에는 인구가 줄어들어 16만 명이 되었어. 이렇게 안동의 인구가 줄어든 이유는 인구를 끌어들일 만한 산업이 없기 때문이야.

남한산성의 남쪽에는 성남시가 있어. 서울의 동남쪽에 위치한 도시지. 이 도시는 원래 경기도 광주군에 속했는데, 1960년대 말 서울의 인구가 계속 늘자 주택과 공장 용지 부족 문제를 해결하기 위해 정부는 계획도시를 조성했어. 이 도시가 1973년에 성남시로 승격한 거야.

1988년 서울 올림픽을 전후로 서울의 집값과 전세 가격이 폭등했어. 정부는 집값을 안정시키기 위해 수도권에 여러 신도시를 만들었고, 성남시에는 분당이라는 신도시가 들어섰지. 무려 42만 명이 거주할 수 있는 거대한 시가지가 조성된 거야. 탄천이라는 하천을 따라 펼쳐진 들판에 1990년대 초반부터 아파트 단지가 들어서 오늘날의 분당이 되었단다.

이후 성남시의 인구는 주변 지역에 대단위 택지 지구와 여러 기업의 사무실이 들어서면서 꾸준히 증가했어. 판교 신도시도 성남시에 조성된 시가지야. 성남은 현재 인구가 100만 명에 육박하는 거대한 도시가 되었지.

이렇게 우리나라에는 안동처럼 성장이 더딘 도시도 있고, 성남처럼 성장이 빠른 도시도 있단다.

인구가 빠르게 성장한 도시

우리나라 도시의 인구 성장은 시기별로 다르게 이루어졌어. 산업화와 국토 개발 정책의 영향을 받았지. 1960년대에는 광업 도시가 두드러지게 성장했어. 특히 강원도 남부 지역에 석탄과 석회석 광산이 개발되면서 사람들이 몰려들었어. 이때 발달한 도시가 강원도 태백과 정선이야. 태백의 경우 석탄 생산이 늘면서 1970년대에는 인구가 10만 명을 넘었지.

1970년대에는 산업화가 본격적으로 이루어졌어. 박정희 대통령이 우리나라 공업 발달에 박차를 가한 시기지. 당시 분위기는 울산 공업 센터 건립 기념탑의 비문에 담겨 있어.

> 4,000년 빈곤의 역사를 씻고 민족 숙원의 부귀를 마련하기 위하여 우리는 이곳 울산을 찾아 여기를 신공업 도시로 건설하기로 했습니다. (중략) 제2차 산업의 우렁찬 수레 소리가 동해를 진동하고 산업 생산의 검은 연기가 대기 속에 뻗어 나가는 그날엔······.

1970년대에는 남동 임해 공업 단지가 조성되면서 울산뿐 아니라 포항, 창원, 여수, 구미 등의 공업 도시가 크게 성장했단다. 이들 도시에는 자동차 공장, 정유와 석유 화학 공장, 조선소 등이 생겨났어. 공장이 들어서니 사람들이 모여들었고, 인구가 크게 증가했지. 울산과 포항에서는 아침에 자전거를 타고 출근하는 노동자들의 모습이 장관을 이루었단다.

포항 노동자들의 출근 모습 포항은 1970년대 남동 임해 공업 지역에서 발달한 대표적 중화학 공업 도시야.

1990년대 이후 크게 성장한 도시는 대도시 주변의 위성 도시야. 행성 주변을 돌고 있는 작은 천체를 위성이라고 하는데, 위성 도시는 대도시 가까이에 위치하면서 대도시가 지니고 있던 주거 기능이나 공업 기능을 이어받아 성장한 도시를 말하지.

우리나라의 도시 분포를 보면 수도권 지역에 도시들이 포도송이의 포도알처럼 촘촘하게 모여 있어. 수도권에 발달한 도시 중 서울과 인천 등 일부 도시를 제외하면 대부분 서울의 위성 도시야.

특히 경기도 도청이 위치한 수원, 분당 신도시가 있는 성남, 일산 신도시가 있는 고양, 평촌 신도시가 있는 안양, 중동 신도시가 있는 부천 등은 인구가 100만 명에 이르는 커다란 도시란다. 서울에 있던 공장들이 옮겨 가면서 생겨난 안산도 서울의 대표적 위성 도시에 해당해.

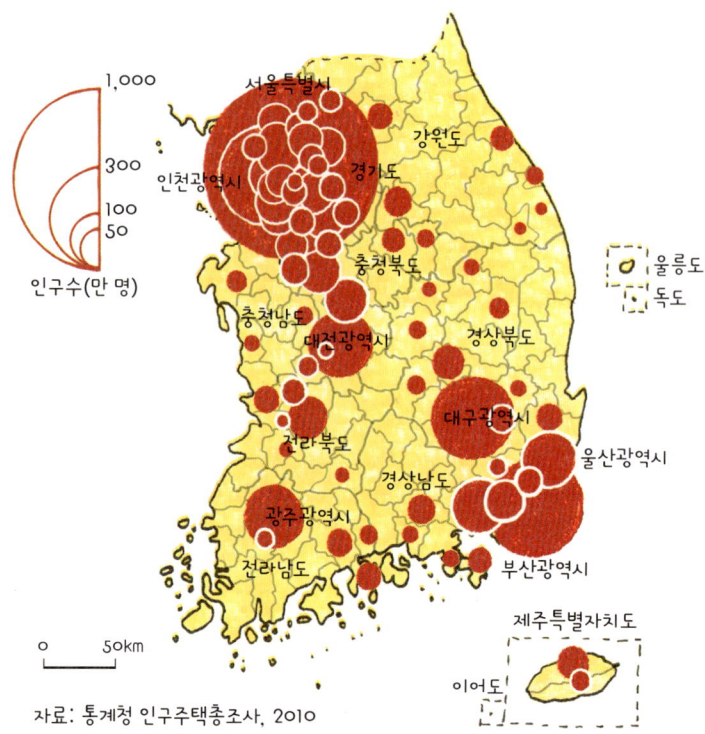

우리나라의 도시 분포 우리나라의 도시는 수도권, 동남권, 경부권을 중심으로 발달했어. 특히 수도권에는 포도송이의 포도알처럼 도시가 많아.

대도시에는 어떤 도시가 있을까?

서울은 2013년 기준 인구 1,000만 명을 넘는 도시로, 조선 시대부터 우리나라의 수도 역할을 해 왔어. 서울의 면적은 우리나라 국토의 0.6% 정도에 불과하지만 정부 중앙 청사, 국회, 주요 방송국과 신문사, 주요 기업의 본사 등이 집중되어 있어서 우리나라의 심장 같은 곳이란다.

서울이 우리나라의 심장이라면 부산, 대구, 대전, 광주는 각 지역의 심장 같은 도시들이야. 이들 도시를 광역시라고 불러. 부산은 우리나라 제2의 도시이고, 세계 제5위의 항구 도시지. 바다를 끼고 발달해서 경치가 아름다운 곳이 많고, 매년 국제 영화제가 열리는 것으로도 유명해. 대구는 섬유 산업으로 발전했고, 대전은 대덕 기술 연구 단지로, 광주는 광주 비엔날레로 유명한 도시야.

인천은 우리나라에서 두 번째로 큰 항구 도시이면서 세 번째로 인구가 많은 곳이란다. 인천 국제공항과 송도 국제도시 등을 통해 성장하고 있는 도시야. 울산은 우리나라의 대표적 공업 도시야. 1인당 소득 수준이 전국에서 가장 높기로 유명하지. 이들 광역시 외에 창원, 마산, 진해가 합쳐져 만들어진 통합 창원시도 울산과 규모가 비슷한 수준이어서 어쩜 또 하나의 광역시가 탄생할지도 모른단다.

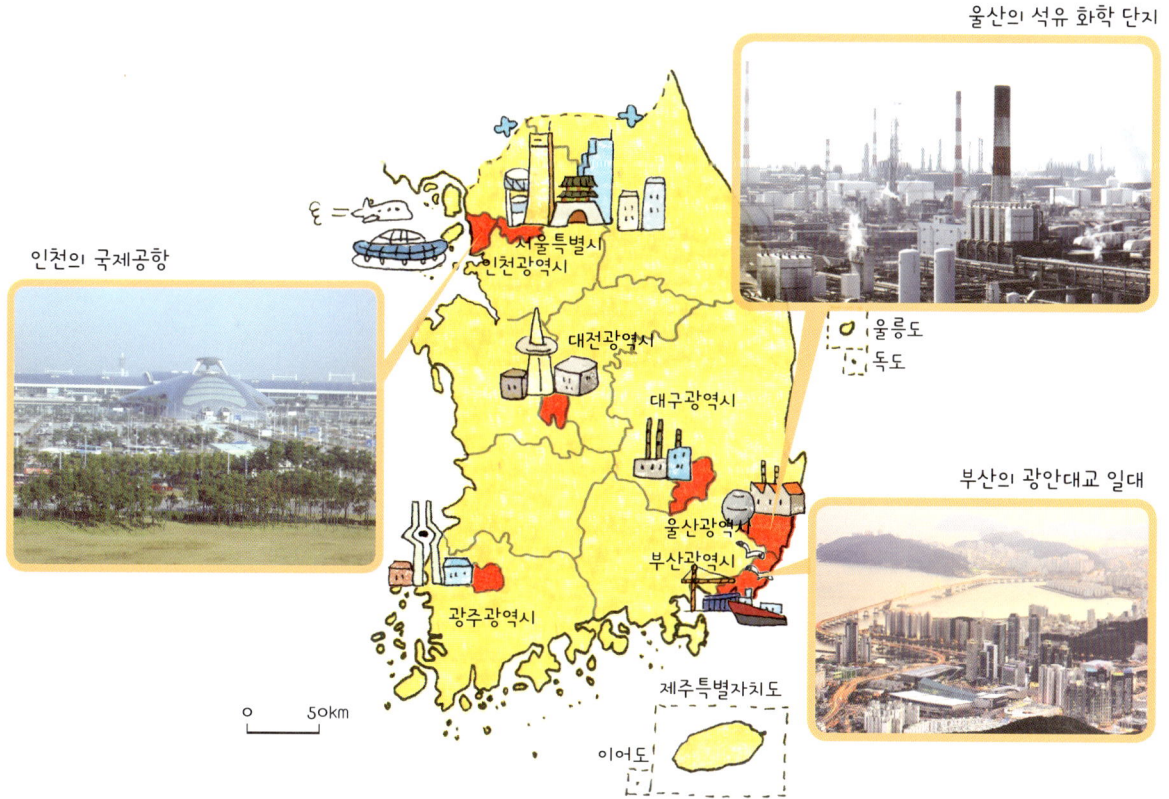

우리나라의 주요 도시 모습 우리나라의 도시는 각각 독특한 기능과 경관을 지니고 있어.

큰 도시와 작은 도시, 어느 것이 많을까?

서울에서 제천까지 가는 버스와 서울에서 대구까지 가는 버스 중에 어느 것이 더 자주 있을까? 참고로 서울과 제천은 120km 정도, 서울과 대구는 240km 정도 떨어져 있어.

음, 그렇다면…… 제천 가는 버스가 더 자주 있을 것 같아요. 서울과 더 가까우니까 교류가 많지 않을까요?

그렇지 않아. 제천행 버스는 낮 시간을 기준으로 30분마다 있지만, 대구행 버스는 15분마다 있어. 네 말대로 대구보다 제천이 서울과 가까운데, 왜 이런 현상이 나타날까?

서울 → 제천

구분	일반고속	우등고속	심야우등
일반 요금	9,800원	14,300원	심야고속: 10,700원 심야고속: 15,700원
아동 요금	초등학생까지 일반 요금의 50%		
소요 시간	2시간 10분	운행 간격	30~40분
첫차 시간	06시 30분	막차 시간	21시 00분

서울 → 대구

구분	일반고속	우등고속	심야우등
일반 요금	17,000원	25,200원	심야고속: 18,700원 심야고속: 27,700원
아동 요금	초등학생까지 일반 요금의 50%		
소요 시간	3시간 40분	운행 간격	15~40분
첫차 시간	06시 30분	막차 시간	익일 01시 30분

꼭 가까워야 교류가 많은 건 아니기 때문인가요?

그래, 맞아. 중력의 법칙을 생각해 보자. 두 물체 사이에 발생하는 서로 끌어당기는 힘은 물체의 무게가 무거울수록, 물체 사이의 거리가 가까울수록 크다는 것이 중력의 법칙이지. 물체들이 무거울수록 물체 사이에 서로 끌어당기는 힘이 강하다는 뜻이란다.

아, 이제 알겠어요. 거리 못지않게 도시의 인구가 중요한 거군요! 제천과 대구의 인구를 검색해 보니 제천의 인구는 약 13만 명, 대구의 인구는 약 250만 명이에요. 서울과 비교적 가깝지만 인구가 적은 제천보다 좀 더 멀어도 인구가 많은 대구와 교류가 더 많은 거네요.

그래, 아주 잘 이해했구나. 뉴턴의 만유인력의 법칙을 공간적 상호작용에 적용해 설명한 이론을 '중력 모형'이라고 해. 중력 모형에 따르면 도시 간 상호작용은 두 도시의 인구가 많을수록, 거리가 가까울수록 크게 나타나지.

중력 모형은 국토 공간을 이해하는 데 어떤 도움이 되나요?

도시 체계를 파악하는 데 도움이 된단다. 도시 간 인구 이동, 정보와 자본의 흐름, 생산품의 교환 등으로 이루어지는 도시 간 계층 질서를 '도시 체계'라고 해. 인구가 많고 영향력이 큰 도시를 '고차 도시'라고 하고, 인구가 적고 영향력이 작은 도시를 '저차 도시'라고 하지. 그런데 세상에는 고차 도시가 많을까, 아니면 저차 도시가 많을까?

저차 도시가 더 많을 것 같아요. 코끼리가 적고, 토끼가 많은 것처럼 말이에요!

정확하게 맞혔어. 큰 도시가 만들어지기 위해서는 도시를 뒷받침해 주는 넓은 배후 지역이 필요한 반면, 작은 도시는 배후 지역이 좁아도 형성이 가능하기 때문이란다. 따라서 우리나라에는 서울, 부산 같은 고차 도시가 적고, 이름 없는 작은 도시의 숫자가 많지.

다양한 모습의 매력적인 도시

도시 경관의 다양성

아빠가 네 나이 때는 친구들과 공터에서 놀거나 혼자 놀곤 했단다. 장난감도 부족하고 게임기도 없던 시절, 아빠는 유리와 종이를 이용해서 만화경을 만들었지. 만화경은 직사각형의 유리로 삼각기둥을 세우고 검은색 두꺼운 종이로 감싼 다음, 한쪽 입구에 비닐을 붙여서 만드는 거야. 만화경 안에 꽃잎이나 색종이 가루, 구슬 같은 것들을 넣은 뒤 구멍에 눈을 대고 빙글빙글 돌리면 재미있는 모양들이 보인단다. 시간 가는 줄 모르고 푹 빠질 수 있는 신기한 장난감이었지.

대학 시절에는 여러 도시를 돌며 '골목길 탐험'에 나서곤 했어. 골목길을 탐험하면 도시의 깊숙한 곳에 들어가 이곳저곳을 살필 수 있지. 골목길 탐험의 매력은 발걸음을 옮길 때마다 눈앞에 들어오는 풍경이 달라진다는 점이야. 골목길은 어린 시절 들여다보던 만화경을 닮았어. 도시가 거대한 만화경 같다는 생각을 하기도 했단다. 도시의 모습은 만화경처럼 각 지역마다 모두 다르고, 어느 지점에서 보는가에 따

부산의 감성마을   전주의 한옥마을

도시의 골목길   도시의 골목길은 삶터인 동시에 산책하는 사람에게는 다양한 경관을 보여 줘.

라 다르게 느껴지거든. 이렇게 도시는 다양한 모습을 지닌 매력적인 공간이란다.

각양각색의 도시 모습

마법의 양탄자를 타고 도시 위를 훨훨 날아다닌다고 생각해 봐. 높은 곳에서 도시를 내려다보면 어떨까? 높은 빌딩과 아파트가 가장 많이 보이고, 공장과 도로, 학교, 공원도 보일 거야. 어떤 도시에는 강이 흐르고, 도시 저편으로 바다가 나타나기도 할 거야. 이처럼 도시를 이루는 모습을 '도시 경관'이라고 해. 세계에는 경관이 독특한 도시가 많단다.

미국 대도시의 도심에는 고층 빌딩이 집중되어 있어. 철골과 콘크리트로 이루어진 높은 빌딩들을 '마천루'라고 하는데, 마천루란 '하늘에 닿을 만큼 드높은 건물'이라는 뜻이야. 영어로는 스카이스크래퍼(skyscraper)로, '하늘에 닿는 초고층 빌딩'이라는 뜻이란다.

한편 유럽의 도시를 높은 곳에서 내려다보면 매우 평평해. 유럽을 대표하는 도시인 파리, 그곳에서도 가장 상징적인 랜드마크인 에펠탑에 올라가 볼까? 어때, 뉴욕과 많이 다르지? 파리에는 유난히 높은 빌딩이 없어. 높아 봐야 5층 정도의 건물들이 촘촘하게 모여 있지.

유럽의 도시에 고층 건물이 적은 이유는 뭘까? 유럽에는 역사가 오래된 도시가 많기 때문이야. 유럽의 도시들이 성장할 당시에는 고층 건물을 지을 수 있는 기술이 없었거든.

미국의 뉴욕 세계 도시 가운데 제1의 도시라 할 수 있는 미국 뉴욕의 중심에는 고층 빌딩들이 마치 나무처럼 솟아 있어.

프랑스의 파리 에펠탑에 서서 내려다본 모습이야. 건물이 낮고 도로가 넓지.

우리나라는 주거지가 형성된 지 30년 정도가 지나면 재개발을 해. 우리나라에서는 재개발을 하면 낡은 건물이 대부분 아파트 단지로 탈바꿈하지만, 유럽은 재개발을 하더라도 건물의 겉모습은 그대로 둔 채 건물 안의 구조만 바꾸는 경우가 많아. 게다가 오래된 건물은 외관을 절대 바꾸지 못하도록 중앙 정부나 지방 정부에서 법으로 막기도 하지.

건물의 외관 중에서 정면을 '파사드'라고 부르는데, 유럽 사람들은 특히 이 부분을 중요하게 여긴단다. 그래서 유럽에는 겉으로 보기에는 고풍스럽지만 건물 안은 현대적인 감각의 공간을 담고 있는 경우가 많아.

우리나라의 도시 공간은 전통과 현대적 분위기가 공존하지만, 대체로 미국의 도시를 닮았어. 과거 서울에서는 도심 재개발이라는 사업을 통해 낡은 건물들을 고층 빌딩으로 바꾸었어. 새롭게 개발된 강남과 여의도 등지에는 미국의 대도시의 도심에서 흔히 볼 수 있는

프랑스의 노트르담 대성당 11세기부터 13세기까지 무려 3세기에 걸쳐 완공되었어. 고풍스러운 파사드를 자랑하는 유럽의 대표적인 건물이란다.

서울 정동의 덕수궁 서울은 고궁 덕분에 전통과 현대가 조화를 이루는 도시가 되었어. 조선 시대의 궁궐은 주변의 현대적인 빌딩과 의외로 잘 어울리지.

고층 빌딩이 들어섰지. 한편 화려한 도심에 전통적인 분위기도 공존해. 광화문과 종로의 빌딩 숲 사이에는 역사 깊은 고궁들이 자리 잡고 있단다.

지하철을 타고 도시 여행을 떠나 볼까?

아빠와 도시 여행을 떠나 보자. 이순신 장군과 세종대왕 동상이 있는 광화문 일대에서 여행을 시작해 볼까?

이곳은 서울의 중심부야. 서울의 심장 같은 곳이지. 서울 시청과 세종 문화 회관, 여러 국가의 대사관, 고급 호텔, 신문사의 본사, 기업의 본사와 사무실 등이 자리 잡고 있어. 낮에는 늘 사람들로 북적대는 곳이야. 그런데 신기하게도 한밤중이 되면 사람들은 모두 사라진단다. 아파트 등으로 이루어진 주거 지역이 적기 때문이야.

광화문에서 지하철 5호선을 타고 이동하여 여의도역에 내려 보자. 거리에는 정장을 입은 사람이 무척 많아. 손에는 커피를 한 잔씩 들고 바쁘게 움직이고 있어. 이 사람들 중에는 증권 회사나 보험 회사에 근무하는 사람이 많아. 그리고 여의도에는 MBC 방송국과 KBS 방송국이 있어. 방송국보다 조금 더 멀리 떨어진 곳에는 둥근 돔 모양의 국회 의사당도 자리 잡고 있지. 여의도는 광화문 주변 지역처럼 고층 건물이 늘어서 있지만, 아파트 단지도 꽤 많이 자리 잡고 있어.

다시 지하철 5호선을 타고 이동하여 우장산역에 내려 보자. 광화문이나 여의도와는 많이 다른 풍경이지? 이곳은 일반 사진보다 항공 사진으로 살펴보는 게 더 좋을 것 같아.

우장산역을 중심으로 동쪽과 서쪽 지역으로 나눌 때, 두 지역의 공

서울 광화문 일대(왼쪽)와 여의도(오른쪽) 광화문 주변 지역은 넓은 도로를 따라 빌딩이 들어서 있고, 여의도에는 국회의사당, 방송국, 증권 회사 등이 밀집해 있어.

우장산역 부근 아파트를 비롯해 주택이 밀집해 있고, 여러 학교와 시장 및 상가 등의 쇼핑 시설이 위치하지.

통점과 차이점은 무엇일까? 동쪽에는 아파트가 많고 서쪽에는 연립 주택이나 단독 주택이 많다는 차이는 있지만, 동쪽이든 서쪽이든 주택 지역이 주를 이루고 있다는 것이 공통점이야. 이곳은 서울의 대표적인 주거 단지란다.

다시 지하철에 올라 공항 철도가 다니는 계양역으로 가 보자. 계양역의 모습은 지금까지 본 서울의 모습들과 전혀 달라. 저 멀리 아파트가 보이긴 하지만 일부일 뿐이고 들판과 낮은 산이 있어. 이곳은 도시의 변두리에 해당해. 도시의 모습보다 촌락의 모습이 더 많이 보이는 곳이지. 서울의 중심부에서 외곽으로 여행을 하면서 살펴본 경관은 이렇게 각양각색이란다.

계양역 부근 도시의 변두리 지역으로, 야트막한 구릉지와 논밭이 어우러져 있어.

접근성이 높은 도시와 낮은 도시

왜 같은 도시 안에서도 지역에 따라 다른 모습이 나타날까? 도시 여행을 다녀오니 이제 그 이유를 짐작할 수 있겠지? 도시에서는 비슷한 친구끼리 서로 모여 있기 때문이란다. 빌딩은 빌딩끼리, 공장은 공장끼리, 아파트는 아파트끼리 말이야.

여기서 퀴즈 하나! 1,000평짜리 땅과 10평짜리 땅 중에 어느 땅의 가격이 더 비쌀까? 1,000평짜리 땅이 비싸다고 생각하겠지만, 꼭 그렇지만은 않단다. 예를 들어 서울 중심부인 명동의 10평짜리 땅이 1평에 2억 원이고 지리산 골짜기의 1,000평짜리 땅이 1평에 5,000원이라면, 명동의 10평짜리 땅은 20억 원이고 지리산의 1,000평짜리 땅은 500만 원인 거야. 신기하지?

그런데 왜 서울 명동의 땅은 엄청나게 비싸고, 지리산의 땅은 싼 걸까? 이는 접근성의 차이 때문이야. 접근성이란 '도달하기 쉬운 정도'를 말해.

어느 아파트 단지를 나타낸 다음 쪽의 그림 지도를 보자. 같은 아파트 단지에 사는 친구들이 한곳에 모인다면, 어디에서 모이는 것이 가장 좋을까? 아파트 한가운데에 있는 둥근 광장이 어때? 모든 친구가 쉽게 모일 수 있는 곳이니 말이야. 따라서 이 아파트 단지에서 접근성이 가장 좋은 곳은 106동 앞 광장이야.

도시에서도 지역마다 접근성의 차이가 있단다. 도시를 커다란 양궁 과녁에 비유하면 10점짜리 한가운데 부분의 접근성이 가장 높고, 과녁의 바깥으로 갈수록 접근성이 낮아져. 물론 도시에서는 교통이 발달한 정도에 따라 접근성에 차이가 생기기도 하지.

도시에서 접근성이 높은 곳인지 낮은 곳인지를 판별하는 가장 쉬운 방법은 건물의 높이를 보는 거야. 아파트와 아파트형 공장을 제외한 상업용 빌딩의 높이는 지역의 접근성과 비례해. 30층 이상의 고층 건물이 여러 채 있다면 그곳은 접근성이 높은 지역이고, 2~3층 정도 높이의 건물이 연속적으로 나타난다면 접근성이 낮은 곳이지. 버스 표지판을 통해서도 접근성의 높고 낮음을 판별할 수 있어. 버스 표지판에 버스 노선이 많이 적혀 있을수록 접근성이 높은 곳이란다.

아파트 단지와 접근성 사람들이 모이기에 가장 좋은 곳이 접근성이 가장 좋은 곳이야.

접근성의 차이가 땅값을 결정한다고?

도시에서는 접근성에 따라 땅값과 임대료의 차이가 나. 접근성이 높은 곳은 땅값과 임대료가 비싸서 그 지역의 집을 사거나 건물을 빌리려면 많은 비용이 들지. 반면에 접근성이 낮은 주변 지역에서는 적은 비용으로 넓은 땅이나 큰 건물을 구할 수 있어.

도시의 기능은 크게 업무 및 상업 기능, 공업 기능, 주거 기능으로 나눌 수 있어. 업무 및 상업 기능은 임대료가 비싸더라도 접근성이 높은 곳에 위치하는 것이 유리한 반면, 공업 기능과 주거 기능은 임대료가 저렴하면서 넓은 땅이 펼쳐진 곳이 유리해. 대기업의 본사와 금융 기관의 본점, 고급 호텔 등은 높은 임대료를 지불하더라도 도심에 자리를 잡아. 공장과 주택 등은 적은 임대료로 넓은 땅을 얻으려 하기 때

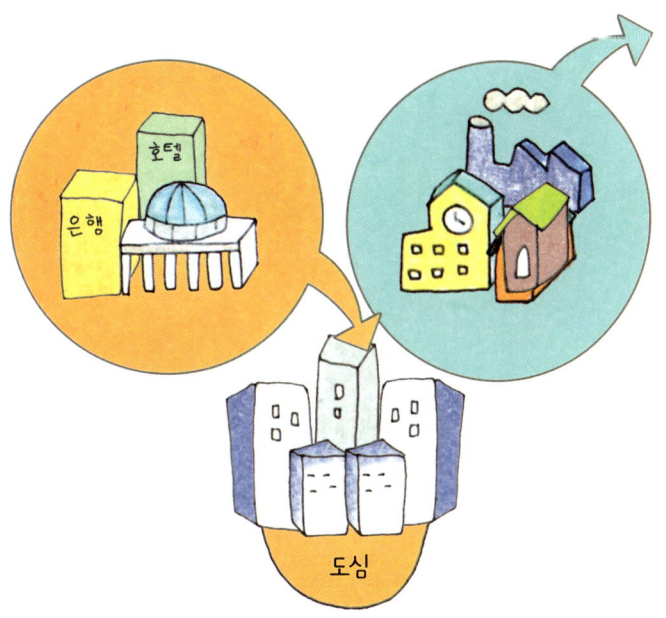

도시의 지역 분화 업무 및 상업 기능은 높은 접근성을 추구하여 도심으로 모여들려고 해. 반면 주택, 공장, 학교 등은 접근성보다 넓은 땅이 필요하기 때문에 주변으로 나가려고 하지.

문에 주변 지역에 자리 잡으려 하지.

그래서 큰 도시에서는 도심과 주변 지역 간에 차이가 나타나는 거야. 이렇게 지역이 서로 달라지는 것을 '지역 분화'라고 한단다. 지하철로 여행했던 지역들을 떠올려 봐. 서울 도심 지역인 광화문과 여의도의 높은 빌딩에는 은행의 본점, 고급 호텔, 주요 관공서 등이 있었지. 이와 달리 우장산역 부근에서 흔히 볼 수 있었던 건물은 아파트와 주택 들이었어. 접근성의 차이가 비슷한 기능끼리 모이게 만든 거야.

대도시의 내부 구조

세계 여러 도시의 모습은 다양하지만, 도시의 기본 구조는 대부분 비슷하단다. 도시의 가운데 도심이 위치하고, 도심을 둘러싼 곳에는 오래된 주택이 많은 중간 지역, 그리고 그 주변에는 새로운 주택이 많은 주변 지역의 순서로 나타나지. 이와 같은 도시의 구조는 앞에서 살펴본 접근성의 차이에 따라 형성된단다.

대도시의 내부 구조는 복잡해 보이지만 손으로 그려 보면 생각보다 단순해. 일단 동심원 3개를 그리고 가장 바깥에는 쭈글쭈글한 동그라미를 하나 더 그려 넣어 봐. 그리고 가운데부터 도심, 중간 지역, 주변 지역, 그린벨트라고 적어. 이게 대도시의 기본 구조야. 접근성이 가장 높은 곳은? 물론 도심이지! 그린벨트는? 그래, 접근성이 가장 낮은 곳이야. 그린벨트는 도시가 함부로 커지는 것을 방지하는 숲이나 농경지로 이루어진 공간이야.

이제 중간 지역이나 주변 지역의 적당한 곳에 부도심을 그리고, 도심에서 부도심을 이어 주는 교통로를 선으로 그려 넣어 보자. 부도심은 도심을 도와주는 곳이야. 도심처럼 상업 기능이 발달해 있지. 도심이 학급의 회장이라면 부도심은 부회장과 같은 존재라고 생각하면 돼. 서울의 명동이 대표적인 도심이고 강남, 여의도, 신촌 같은 곳이 부도심이란다.

부도심에서 도시 바깥으로 선을 그어 연장한 다음, 그곳에 위성 도시를 그려 넣어 봐. 위성 도시는 대도시 바깥에 만들어진 도시야. 수도권의 성남, 고양, 부천, 남양주 같은 도시들이 위성 도시에 해당해.

이제 대도시를 여행하면서 펼쳐진 경관의 차이를 이해할 수 있겠니? 접근성의 차이나 도시 내부 구조 등의 개념을 이해하면 복잡하게 느껴지던 도시의 모습이 점점 친근하게 느껴질 거야.

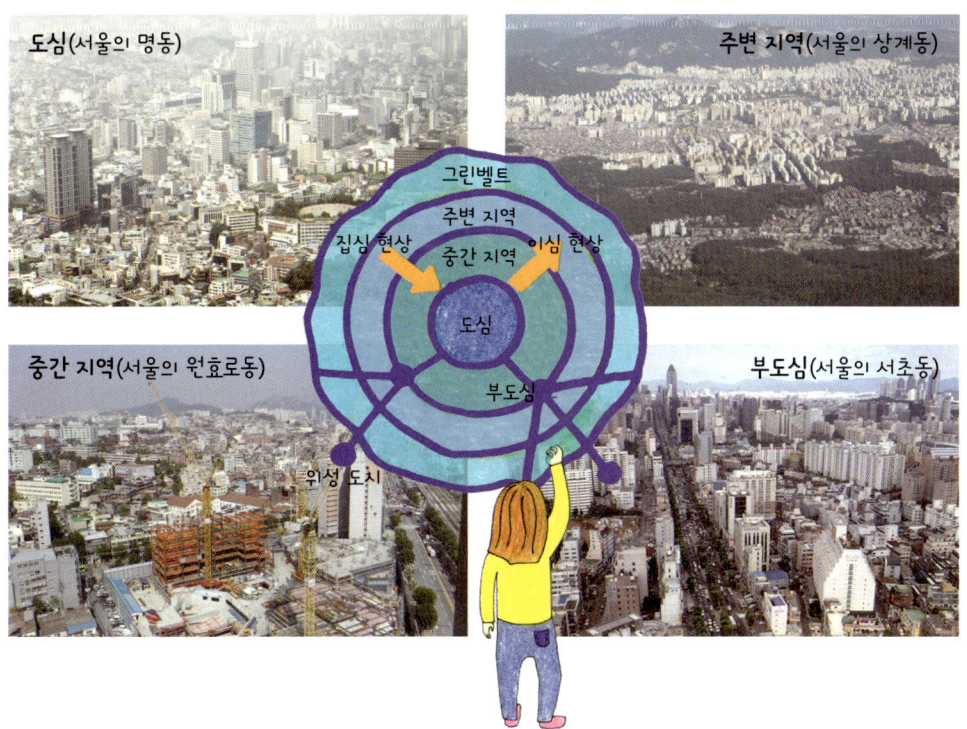

평양의 도시 구조는 어떨까?

　평양은 북한의 수도이며, 사회주의 도시 계획에 따라 계획적으로 정비된 도시이다. 서울이 지역 단위로 개발되었다면, 북한은 거리 중심으로 개발되었다. 평양에는 '○○ 거리'라고 불리는 주요 거리가 30여 곳 있다.

　서울과 달리 평양에는 상업용 빌딩, 호텔 등이 모여 있는 중심 업무 지구가 없다. 자본주의 국가의 도시인 서울은 접근성과 지대를 고려해 지역이 나뉘었으나, 북한은 당과 정부의 계획에 의해 건물 위치가 결정되었기 때문이다. 평양의 도심부에는 미술관, 박물관 등의 공공시설과 문화 시설이 들어서 있으며, 국회의 성격을 지닌 만수대 의사당이 위치한다.

　평양에서 이루어지는 '거리' 단위의 건축에는 주택은 물론, 학교 등의 공공시설, 음식점 같은 상점, 각종 편의 시설 등이 어우러진다. 직장을 중심으로 주거지가 결정되기 때문에 집과 가까운 거리에 직장이 위치한다. 아침이 되어도 평양의 도로가 복잡하지 않은 이유는 북한 주민들의 출퇴근 및 통학 거리가 매우 짧기 때문이다.

　거리에서 큰길에 닿아 있는 곳에는 주로 고층 아파트가 분포한다. 아파트로 둘

평양의 도시 풍경

러싸인 공간의 내부에는 공공시설, 상점, 편의 시설이 들어서 있는데, 이로 인해 자동차를 타고 평양을 여행하다 보면 평양이 거대한 아파트로 이루어진 도시라는 착각이 들기도 한다. 또한 평양은 서울에 비해 밀도가 낮고, 녹지대가 많은 것이 특징이다.

　평양은 재개발을 통해 도시를 정비했는데, 재개발 역시 거리 단위로 이루어졌다. 평양의 재개발은 당과 정부에서 관할한다. 최근에는 창전 거리에서 재개발이 이루어졌다. 평양의 핵심부인 창전 거리에는 고층 아파트 단지 14개 동이 위치하고 그 안에 결혼식장, 아동 백화점, 편의 시설, 문화 시설, 학교 등이 갖추어져 있다.

　북한 주민들은 자가용을 타고 다니는 사람이 드물고 주로 대중교통을 이용한다. 평양에는 2개 노선의 지하철이 있으며, 지상에는 전기로 움직이는 전차가 있다. 항상 자동차들로 빽빽한 서울에 비해, 평양의 거리는 중심부를 제외하면 매우 한적하다.

평양 시내의 지하철 역

우리가 꿈꾸고 희망하는 도시

살기 좋은 도시

서울 광화문에서 세검정 쪽으로 넘어가는 곳에 창의문이 있어. 사람들은 창의문을 자하문이라고 부르기도 하지. 조선 시대에 세검정에 살았던 사람들은 자하문을 통해 한양의 도성을 드나들었지. 자하문의 '자하(紫霞)'는 '자줏빛 노을'이라는 뜻이란다. 우리 조상들은 색에 대한 감각이 참 대단했던 것 같아.

  자하문이 있는 언덕의 남쪽에는 옥인동, 청운효자동, 누상동, 통의동 등 예스러운 동네가 있어. 왕이 사는 경복궁의 서쪽에 위치했다고 해서 서촌(西村)이라고 불리던 곳이지.

  서촌에 살던 조선 시대 화가 정선은 〈인왕제색도〉를 그렸어. 이 그림에는 서촌에서 바라본 인왕산의 커다란 바위와 웅장한 소나무가 담겨 있단다. 하얀 안개를 드리운 바위는 비에 젖은 탓인지 거뭇거뭇하게 빛나고 있어. 현재 서촌의 주민들은 살아 있는 〈인왕제색도〉를 감상하면서 살아가고 있는 셈이지.

정선의 〈인왕제색도〉

옛 풍경을 간직한 서촌

옛 풍경을 간직한 서촌의 여러 동네는 집들이 많이 낡았지만 좁은 골목길 사이에 낮은 집들이 늘어서 있는 운치 있는 곳이야. 주변에 인왕산과 삼각산이 아름답게 펼쳐져 있고, 바로 옆에는 경복궁이 있으며, 전통 시장인 옥인 시장도 있어. 아빠는 서울 시내에 가면 서촌을 자주 들르는데, 갈 때마다 '이곳에서 한번 살아 봤으면 좋겠다.' 하고 읊조린단다.

아빠는 서촌이 전통과 현대, 자연과 도시가 함께 어우러져 있는 곳이라 마음에 들어. 너는 어떤 도시에서 살고 싶니?

도시와 삶의 질

서울의 러시아워가 언제인지 알고 있니? 전철역에 걸린 시간표를 보면 알 수 있어. 오전 7~9시, 오후 5~7시의 배차 간격이 짧은 걸 보니 이 시간대가 러시아워임을 알 수 있지. 러시아워란 도로나 지하철 등지에 사람이 많이 모여 붐비는 시간을 뜻하는 말이란다.

아빠는 해외여행을 할 때 그 도시의 러시아워를 알아보곤 해. 뉴질랜드의 대도시인 오클랜드는 오후 4시 30분쯤이 러시아워였어. 오클랜드에서는 러시아워가 지나고 저녁 6시 정도만 되면 대부분의 가게가 문을 닫았어. 오클랜드 사람들은 퇴근을 한 뒤에 조깅도 하고, 요트도 타며 시간을 보내더구나.

전철 시간표 대중교통 시간표는 그 지역 주민들의 삶의 질을 보여 줘. 늦은 시간까지 전철이 운행된다는 것은 그 도시 주민들의 노동 시간이 길다는 것을 의미해.

오스트리아 잘츠부르크에 묵을 때였어. 저녁 6시가 조금 지난 시간인데 이미 마트의 문이 닫혀 있었어. 구입할 물건이 있다고 사정을 해도 문을 열어 주지 않더군. 우리나라에는 24시간 영업하는 편의점이 곳곳에 있는데 말이야. 잘츠부르크를 산책하다가 작은 치과를 발견했는데, 현관에 적힌 진료 시간이 인상적이었어. 진료를 하루에 오전 2시간, 오후 2시간 정도만 하더구나. 더구나 수요일 오후와 토요일, 일요일은 아예 병원 문을 열지 않더군.

　서울은 잘츠부르크와 딴판이야. 밤 12시쯤에도 지하철 안은 사람들로 가득해. 이들은 대부분 집에 돌아가 잠시 눈을 붙이고 이른 아침에 다시 회사로 출근하지. 서울의 거리는 한밤이 되어도 잠들지 않아. 밤늦도록 가게 문은 열려 있고, 자동차는 거리를 질주하며, 학생들은 학원을 오가지.

　삶의 질은 살아가는 방식에 따라 다르고, 삶의 방식은 가치관에 따라 달라. 우리 사회는 급격한 산업화 과정에서 경제 성장이나 경제적 성공을 가장 가치 있게 여겼어. 그렇다 보니 아침부터 늦은 밤까지 하루 종일 바쁘게 지내는 일상에 익숙해진 거지.

잘츠부르크의 경관　잘츠부르크는 오스트리아의 5대 도시에 들 정도로 큰 도시이면서도 자연과 어우러진 평화로운 모습을 띠고 있어.

세계에서 살기 좋은 도시

미국의 머서 휴먼 리소스 컨설팅이라고 하는 회사는 해마다 '살기 좋은 도시' 순위를 발표하고 있어. 2012년 기준으로 세계에서 가장 살기 좋은 도시는 오스트리아의 빈이고, 스위스의 취리히와 뉴질랜드의 오클랜드, 독일의 뮌헨, 캐나다의 밴쿠버 등이 뒤를 이었어. 상위 11개 도시 중 8개가 유럽에 있는 도시란다. 그렇다면 서울의 삶의 질은 세계에서 몇 번째나 될까? 서울은 세계 221개 도시 중에서 80위에 머물렀어.

살기 좋은 도시로 뽑힌 도시들의 공통점은 무엇일까? 일단 인구 규모가 크지 않아. 유럽의 도시 중에서 인구 규모가 큰 런던과 파리는 10위 바깥에 있어. 1위를 차지한 빈의 인구는 180만 명으로, 유럽에서는 많은 편

오스트리아의 빈

뉴질랜드의 오클랜드

에 속하지만 우리나라와 비교하면 인천보다 훨씬 작은 도시에 해당해. 빈을 제외하면 대부분 도시의 인구가 100만 명 정도거나 그보다 적은 수준이야.

모두 선진국의 도시라는 것도 공통점이야. 오랜 세월 동안 각종 사회 기반 시설을 잘 갖춘 도시들이기 때문에 시민들이 편리하게 생활할 수 있지. 교육·의료·보건 시설·주거 환경 등이 잘 갖추어져 있고, 경제 활동도 활발해. 치안이 잘 유지되어 범죄율도 낮지.

세계에서 살기 좋은 도시 순위

순위	도시	나라
1	빈	오스트리아
2	취리히	스위스
3	오클랜드	뉴질랜드
4	뮌헨	독일
5	밴쿠버	캐나다
6	뒤셀도르프	독일
7	프랑크푸르트	독일
8	제네바	스위스
9	코펜하겐	덴마크
10	베른	스위스

독일의 뮌헨

작지만 큰 도시, 취리히

스위스에는 취리히, 제노바, 베른, 루체른 등 살기 좋은 곳으로 꼽히는 도시가 많아. 과거 스위스는 유럽의 가난한 나라였지만 아름다운 자연환경, 고풍스러운 건물과 거리, 높은 수준의 경제생활 등을 바탕으로 살기 좋은 도시로 거듭나고 있어. 취리히에는 아름답고 깨끗한 취리히 호수가 있고, 리마트 강변을 따라 오래된 건축물이 아름답게 늘어서 있지. 취리히 연방 공과 대학은 세계적 수준의 학문과 명성을 자랑해.

취리히는 '작으면서도 큰 도시'라는 애칭을 가지고 있어. 상업과 금융의 중심지로 유명한 스위스 중앙은행의 본사도 취리히에 있지. 이곳은 고객에 관한 정보를 절대 누설하지 않는 은행으로 유명해서 전 세계의 부자들이 비밀 계좌를 두기도 했어. 또한 취리히는 '첨탑의 도시'라고도 불려. 아름다운 성당과 교회가 많기 때문이야. 16세기 종교 개혁 운동이 이루어졌던 도시이기도 하지.

그렇다면 세계에서 살기 좋은 도시인 취리히 사람들의 삶의 모습은 어떨까? 스위스의 경우 하루 8시간씩 주 5일 동안 근무하는 것을 기준으로 하되 필요에 따라 근로 시간을 조정할 수 있어. 예를 들어 수요일과 금요일 오후에 다른 활동을 하고 싶다면 40시간 중 32시간만 일해도 되는 거야. 일하는 시간을 조절할 수 있기 때문에 여유가 생기고 삶의 질도 높아진단다.

스위스의 아이들은 다양한 취미 활동을 해. 영어나 수학 학원에 다니는 대신 수영과 승마, 기타와 피아노를 배우지. 즐겁게 취미 활동을

취리히의 도시 경관 스위스 취리히 주민들은 아름다운 자연과 대중교통이 발달한 도시에서 경제적으로도 풍요로운 삶을 누리고 있어.

할 수 있는 이유는 학업 경쟁이 심하지 않기 때문이야. 우리나라 고등학교 졸업생의 80% 이상이 대학에 진학하는 것과 달리, 스위스의 대학 진학률은 10~20% 정도에 불과해. 공부를 더 하고 싶은 학생들만 대학 진학을 위한 공부를 하는 거야.

취리히의 도시 규모도 삶의 질을 높이는 요인이야. 취리히는 스위스에서 가장 큰 도시인데도 도시 외곽에서 도심까지 가는 데 30분이면 충분해. 대중교통이 발달해서 트램(전차)이나 버스를 타면 되거든. 누구나 적은 시간을 들여 각종 문화 활동과 쇼핑을 즐길 수 있고, 출퇴근길의 혼잡 때문에 고통스러운 시간을 보내지 않아도 돼.

편리한 교통은 여가 활동을 하는 데도 도움이 돼. 트램으로 몇 정거장만 이동하면 시내에 있는 박물관이나 영화관, 공원이나 스포츠 센터에도 갈 수 있지.

우리나라에서 삶의 질이 높은 도시

우리나라에서 삶의 질이 높은 도시가 어디인지에 대해서는 논란이 많을 수밖에 없어. 양은 측정할 수 있지만 질은 측정하기 어려우니까 말이야.

서울대학교 사회 발전 연구소는 2011년 '사회의 질(Social Quality)'이라는 개념을 이용하여 도시를 비교하는 작업을 했어. 사회의 질이 높을수록 안전한 도시, 신뢰 있는 도시, 포용력이 강한 도시, 활력이 넘치는 도시야. 전국에서 가장 살기 좋은 도시로 꼽힌 곳은 서울의 종로구이고, 중소 도시 중에서는 경기도의 과천시가 1등을 차지했지.

조사 내용은 복지·교육·문화 등 제도적 역량, 사회와 정치 참여 같은 시민 역량, 그리고 출산율과 범죄율 같은 건전성을 알아보는 80여 개의 항목이었어. 교육 및 의료 시설이 집중된 대도시는 10점 만점에 5.7점을 받았는데, 군 단위 지역의 평균점은 3.7점에 그쳤어. 이는 우리나라가 지역마다 삶의 질 차이가 크다는 이야기야.

인구 50만 명 이상의 대도시 중에는 서울 종로구, 대구 중구, 전라북도 전주시 등이 사회의 질이 높다는 결과가 나왔어. 중소 도시에서는 경기도 과천시 다음으로 경기도 군포시, 충청남도 계룡시가 높았어. 군 지역의 점수는 전체적으로 낮았지만, 그중 강원도 화천군과 인천광역시에 속해 있는 옹진군 등은 좋은 평가를 받았지.

서울의 종로구는 서울의 중심이라는 지리적 특수성 덕분에 문화 시설과 의사의 수가 다른 지역에 비해 압도적으로 많다는 결과가 나왔어. 도심이지만 주민들의 지역 참여 또한 매우 적극적인 것으로 나타났지. 한옥을 개조해서 외국인들을 위한 숙박 시설을 만든 점, 자투리

살기 좋은 도시 종로구 서울의 중심부에 위치하여 문화 시설이 많고, 북촌의 한옥 마을이 유명해서 많은 외국인이 찾는 곳이야. 산이 가까이에 있어 자연환경도 뛰어나.

땅에 주민들의 텃밭을 만든 점도 좋은 평가를 받았지.

과천시는 초등학교부터 중학교까지 아이들의 수업 준비물을 지원하고 있어. 학부모와 학생이 좀 더 가벼운 마음으로 학교 교육에 임할 수 있도록 한 거지. 그리고 공원에서는 시민들이 바자회를 자주 열어. 바자회를 통해 이웃끼리 서로 친밀해지고, 여기에서 나온 수익으로 어려운 이웃을 돕기도 하지.

전라북도 전주시는 전통과 현대가 어우러진 도시로 관심을 끌고 있어. 특히 한옥 마을에는 700여 채의 한옥과 경기전, 향교, 오목대 등의 문화재가 잘 어우러져 있어. 여기에 한옥 숙박 시설, 문화 공간, 카페 등이 들어서고 거리를 정비하면서 전주는 누구나 가 보고 싶은 도시, 오랫동안 머물고 싶은 도시로 변화하고 있단다.

이런 도시에서 살면 좋겠어

 어떤 도시가 살기 좋은 도시인지 함께 생각해 볼까? 우선 우리가 살아갈 도시는 자연과 어우러져야 한다고 생각해. 도시에 녹지가 펼쳐져 있고, 사람들은 꽃과 식물을 사랑하고, 더 나아가서 도시 주민들이 조금씩이라도 농사를 지을 수 있는 공간이 있으면 좋겠어. 도시 농업은 환경을 깨끗하게 해 줄 뿐 아니라, 생명에 대한 외경심을 키워 줄 수 있거든.

 우리가 꿈꾸는 도시는 자동차보다 사람이 먼저여야 한다고 생각해. 골목에서는 일단 자동차를 모두 몰아내는 것이 좋겠어. 그러기 위해서는 대중교통을 확충하고 공용 주차장을 만들어야 해. 그리고 주민들이 함께 사용할 수 있는 자동차를 늘려야 해.

 자동차가 다닐 수 있는 길은 줄이고, 그곳에 나무를 심거나 사람들이 걸어 다닐 수 있는 길을 늘리면 좋겠어. 사람들이 많이 다니는 길에서는 자동차들이 속력을 내지 못하도록 하는 장치들이 필요할 것 같아. 자전거 전용 도로도 많이 설치하면 좋겠지?

 또한 주민들이 서로 소통할 수 있는 도시가 되어야 할 거야. 우리나라는 보통 직장이나 학교를 중심으로 인간관계가 이루어지지만, 지역을 중심으로 이루어지는 인간관계로 확대되면 더욱 좋을 거야. 그러기 위해서는 노동 시간이 줄어야 하고, 여가 시간과 여가 공간이 늘어야 해.

 동네에는 공원이나 운동장 같은 열린 공간이 많을수록 좋아. 그러면 사람들은 자연스럽게 산책하고, 운동하고, 공연도 하면서 서로 관계를 확산시켜 나갈 수 있는 거지. 도시 지역에서 이런 공간을 마련하고 관리하는 것이 쉽지는 않겠지만, 지역 주민들이 서로 어우러지기 위해서는 반드시 필요하단다.

　사람들 사이에 진정한 소통이 이루어지기 위해서는 계층 간의 격차가 줄어들어야 해. 사람들이 점점 담을 높이고 문을 잠그는 이유는 다른 사람을 두려워하기 때문이고, 두려움의 상당 부분은 계층 간의 격차에서 비롯된단다. 정부와 지방 자치 단체는 주민들의 경제 수준이 비슷해지도록 다양한 정책을 펼쳐야 해.

 ## 빗장 동네란 무엇일까?

 평창동 골목에 가 보니 담장이 아빠 키의 3배는 되고, 대문이 무척 튼튼해 보였어요. 부자들이 사는 동네는 다 그렇게 생겼나요?

부자 동네들은 대부분 산자락의 경사지에 자리 잡고 있어. 경사가 큰 땅이라 자연스럽게 담을 높게 쌓지. 부자 동네의 주민들은 외출할 때 차를 이용하는 경우가 많아서 걸어 다니는 사람이 별로 없단다. 그래서인지 작은 상점도 잘 보이지 않더구나.

 그런데 담이 너무 높아서 위화감이 들어요.

아빠도 그렇게 생각해. 물론 집은 안전해야 하지만, 높은 담이 주민들 사이의 소통을 막는 것은 사실이야. 외부 사람들의 출입을 제한하는 동네를 '빗장 동네'라고 하는데, 요즘 이런 동네가 부쩍 많아지고 있단다.

그런데 아빠, 빗장이 뭐예요?

문을 닫고 가로질러 잠그는 막대기를 빗장이라고 한단다. 문 안에서 잠그는 잠금 장치라고 할 수 있어. 흔히 '빗장을 걸다.' '빗장을 잠그다.'라는 표현을 쓰지.

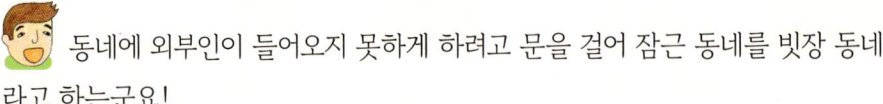 동네에 외부인이 들어오지 못하게 하려고 문을 걸어 잠근 동네를 빗장 동네라고 하는군요!

그래, 맞아. 집마다 사설 경비원이 있는 경우도 있고, 아파트의 경우 외부 사람이나 외부 차량이 들어오는 것을 철저하게 통제하기도 한단다. 요즘은 비밀번호를 눌러야 출입문이 열리는 아파트도 많아졌어.

서울 도곡동의 타워팰리스

왜 그런 동네가 점점 많아지는 걸까요?

소득 격차가 커지고 있기 때문일 거야. 소득 격차가 커지면 담도 더 높아질 수밖에 없단다. 필리핀에서는 총을 든 사설 군인이 동네를 지킨다고 해. 우리나라에는 그런 날이 오지 않겠지?

담을 높이 쌓은 서울의 평창동

수변 공간으로 둘러싸인 미국의 빗장 도시

3 다양한 문화로 이루어진 지구촌

모자이크 같은 세계 문화
햄버거와 청바지로 통하는 지구촌
갈등과 공존의 사이

모자이크 같은 세계 문화

지역마다 다른 문화

　너는 주로 어떤 모자를 쓰니? 네가 많이 쓰는 모자는 햇볕이 강할 때 쓰는 야구 모자, 겨울에 쓰는 털모자, 여름에 쓰는 선캡 등 종류가 다양하지. 그러고 보니 날씨와 계절에 따라 쓰는 모자가 다르구나.

　다른 나라 사람들은 어떤 모자를 쓸까? "센 베노." 하고 인사하는 몽골 사람들은 말가이라는 모자를 써. "나마스테." 하고 인사하는 인도 사람들은 터번을 쓰지. 그리고 "즈드라스부이제." 하고 인사하는 러시아 사람들은 샤프카라는 모자를 써. "헬로." 하고 인사하는 영국 사람들은 찰리 채플린의 모자로도 유명한 실크해트를 쓴단다.

　베트남 사람들은 논 또는 논라라고 부르는, 짚으로 만든 고깔모자를 많이 써. 논은 가벼우면서 햇볕을 쉽게 가릴 수 있고, 비 오는 날 쓰면 어깨까지 빗물에 젖지 않아. 베트남의 기후 환경에 딱 어울리는 모자이지. 멕시코와 페루 사람들은 솜브레로라는 챙이 넓은 모자를 써. 강한 햇빛을 피하기 위해 버섯처럼 생긴 모자를 쓰는 거란다.

세계 각국의 모자 각국의 전통 모자에는 그 지역의 자연환경과 함께 문화가 깃들어 있어.

 모자를 보면 그 지역의 기후 환경을 알 수 있고, 사회적·경제적 여건도 알 수 있어. 또한 신분 제도가 있는 지역인지, 신분 제도가 없는 지역인지도 알 수 있지. 모자에는 자연환경뿐 아니라 그 지역의 생활과 문화도 담겨 있단다.

나라와 지역마다 독특한 문화

'문화'라는 말은 원래 라틴어 '꿀뚜라(cultura)'에서 유래했어. 영어로는 '컬처(culture)'라고 하지. 컬처라는 말에는 '밭을 갈다'라는 뜻이 담겨 있지만, 시간이 흐르면서 다양한 의미를 담게 되었어. 오늘날 "문화를 즐긴다."라고 말할 때의 문화는 '교양'이나 '예술'을 의미해. 지리학에서는 문화를 '인간과 환경의 상호 작용으로 형성되어 나타나는 의식주, 풍습, 언어, 종교 등의 생활 양식'이라고 정의한단다.

문화는 나라와 지역마다 다르게 나타나. 예를 들면 나라마다 사람들이 좋아하는 색깔은 천차만별이야. 사우디아라비아 같은 이슬람 국가에서는 초록색을 무척 좋아해. 사우디아라비아의 국기는 초록색 바탕에 칼과 "알라 외에는 신(神)이 없고, 무함마드는 예언자이다."라는 글이 담겨 있지. 동양에서는 흰색을 보면 죽음을 떠올리지만, 서양에서는 신부나 천사를 떠올려.

사우디아라비아 국기 초록색은 이슬람 사람들이 좋아하는 색으로, 생명과 평화를 의미해.

사람들은 집단을 이루어 살아가면서 문화 경관을 만들게 된단다. 문화 경관은 지형과 기후 같은 자연환경, 그리고 종교를 비롯한 인문 환경의 영향을 받는단다. 문화 경관은 농업 경관, 촌락 경관, 종교 경관, 도시 경관 등으로 나눌 수 있어. 나라와 지역마다 모습이 다른 이유는 문화 경관이 다르기 때문이야.

유럽에서는 밭을 좁고 길게 만드는 경우가 많은데, 그러한 형태를

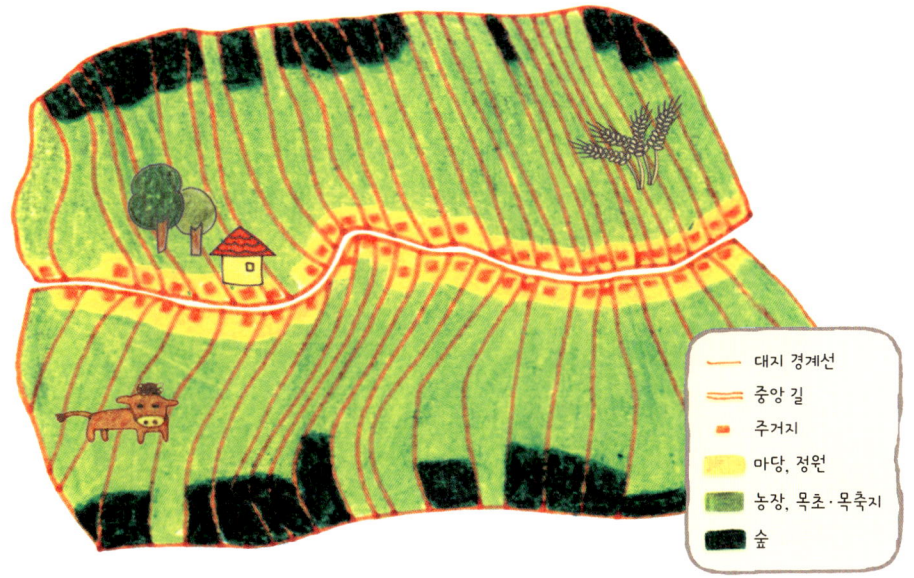

유럽의 롱랏 유럽에서는 도로나 수로를 따라 밭을 좁고 길게 조성했어.

롱랏(long lots)이라고 해. 유럽 사람들이 밭을 구획한 이유를 알려면 중세 시대로 거슬러 올라가야 해. 중세 봉건제 사회에서는 영주가 농노에게 일을 시켰어. 농노가 자기 땅만 열심히 농사짓고 영주의 땅은 게을리할까 봐 영주가 꾀를 내어 영주의 밭과 농노의 밭을 섞어 놓았다고 해. 경지를 좁고 길게 배열하면 도로와 하천을 함께 이용하는 데도 유리하지. 도로나 하천을 사이에 두고 좁고 긴 형태의 밭이 대칭적으로 분포하거든.

다른 나라를 여행하다 보면 독특한 문화 경관들을 볼 수 있어. 유럽에서는 하늘로 솟아오를 것 같은 뾰족한 첨탑이 있는 교회나 성당을 볼 수 있고, 이슬람 지역에서는 연필처럼 생긴 미나렛이 돔형 지붕을 둘러싸고 있는 사원을 볼 수 있어. 우리나라와 동남아시아에서는 부처님을 모시고 있는 사원을 볼 수 있지. 이와 같이 서로 다른 문화 경관은 낯설기도 하고 호기심을 불러 일으키기도 한단다.

문화는 자연환경을 닮아

문화는 자연환경을 반영한단다. 그래서 국가와 지역마다 음식 문화도 달라. 우리나라의 밥상에는 밥, 국, 반찬이 올라오고, 영국 밥상에는 고기, 빵, 채소 등이 올라가지.

우리나라 사람들이 쌀로 만든 밥과 떡을 먹고 막걸리를 마시는 것은 벼농사와 관련이 있어. 여름철 고온 다습한 기후가 나타나는 동아시아와 동남아시아 지역에서는 벼농사가 활발하거든.

영국 사람들은 주로 고기와 빵을 먹어. 서유럽은 연중 온난 습윤한 탓에 풀이 잘 자라 소를 키우기에 적합하고, 여름철에 서늘해서 밀 농사가 주로 이루어져. 소나 양에서 고기를 얻고 밀에서 빵을 얻기 쉬운 기후이기 때문에 매일 고기와 빵을 먹게 된 거야.

자연환경에 따라서 식사 도구까지 달라진단다. 우리는 밥과 국을 먹을 때는 숟가락을 사용하고 반찬을 먹을 때는 젓가락을 사용하지. 반면 영국 사람들은 고기를 잘라서 먹어야 하니까 포크와 나이프를 주로 사용해.

음식과 마찬가지로 옷도 그 지역의 자연환경을 반영한단다. 열대 기후 지역의 사람들은 1년 내내 얇고 가벼운 옷을 입어. 하지만 한대 기후 지역의 사람들은 여름철을 제외하고 매일 털옷이나 가죽옷을 입을 수밖에 없어. 건조 기후 지역의 사람들은 길고 치렁한 옷을 입는데, 이런 옷은 사막에서 한낮의 더위와 한밤의 추위를 피하기에 적합하기 때문이야.

이렇게 자연환경은 문화와 문화 경관에 커다란 영향을 미친단다.

문화는 자연환경도 초월해

보통 자연환경이 문화를 결정한다고 생각하지만, 문화가 반드시 자연환경을 반영하는 것은 아니야. 자연환경이 같아도 사회적·경제적 조건에 따라 사람들이 살아가는 모습, 곧 문화를 이루는 모습은 달라진단다.

아래 지도를 보렴. 지도에 표시된 지역에서는 올리브를 재배해. 올리브는 대추처럼 생긴 열매인데, 기름을 짜 먹기도 하고 식초에 절여서 먹기도 해. 피자 토핑 중 가운데가 뻥 뚫린 도넛 모양의 까만 것이 바로 올리브란다. 올리브가 자라는 곳의 기후 환경은 모두 비슷해. 여름철 고온 건조한 지중해 일대에서 주로 재배되지.

하지만 올리브가 자라는 지중해 연안 지역에서도 남유럽과 북아프리카 지역의 문화 경관은 매우 달라. 남유럽 지

올리브 재배 지역 지중해로 둘러싸인 지역에서는 여름철엔 고온 건조하고, 겨울철엔 온난 습윤한 지중해성 기후가 나타나. 지중해성 기후 지역에서는 올리브, 포도 등을 많이 재배해.

3 다양한 문화로 이루어진 지구촌

팔레르모 성당(왼쪽)과 튀니스의 사원(오른쪽)
두 건물은 지중해를 사이에 두고 마주보고 있어.
이탈리아의 시칠리아 섬은 가톨릭 세계이고,
아프리카의 튀니지는 이슬람 세계에 해당해.

역에는 가톨릭교를 믿는 라틴족이 살고, 북아프리카에는 이슬람교를 믿는 아랍족이 살아. 종교와 민족의 차이는 두 지역의 도시 경관, 종교 경관, 언어 경관 등 모든 경관을 다르게 만들었단다.

 이탈리아 시칠리아 섬의 팔레르모에는 가톨릭 성당이 있고 사람들 대부분이 가톨릭 신자인 반면, 그곳에서 300km 떨어져 있는 튀니지의 튀니스에는 이슬람 사원이 있고 사람들 대부분이 이슬람교 신자야. 두 지역은 무척 가까이 위치하지만, 사람들의 복장과 음식, 건축물 등의 거리 풍경은 매우 다르단다.

강처럼 흐르는 문화

인도네시아는 여러 섬으로 이루어져 있어. 그중 가장 중심이 되는 섬은 자바 섬이고, 이 섬의 동쪽에 발리 섬이 있어. 발리 섬은 우리나라 사람들에게는 신혼 여행지로 유명한 곳이야. 대규모 휴양지인 누사두아, 쿠타, 사누르 등 아름다운 해변이 펼쳐져 있거든. 사람들은 발리를 지구 상의 마지막 낙원이라고 부르기도 해. 그만큼 풍경이 아름답기 때문이지.

발리의 특이한 점 하나는 섬사람들의 대부분이 힌두교를 믿는다는 사실이야. 인도네시아 사람들은 대부분 이슬람교를 믿는데, 발리 사람들은 힌두교의 전통을 지키고 있어. 발리에는 힌두교 사원이 헤아릴 수 없이 많고, 사원에서는 힌두교에서 신성시하는 코끼리 형상을 흔히 볼 수 있어. 발리 사람들이 추는 전통 춤에도 고대 인도의 전설이 담겨 있단다.

발리 사람들은 왜 힌두교를 믿게 된 걸까? 인도네시아의 마자파힛 왕조는 인도에서 전파된 힌두교를 국교로 하는 나라였고, 그들은 14세기에 발리 섬을 정복했지. 16세기 이슬람 세력이 확장하면서 마자파힛 왕조가 멸망했고, 힌두교 승려와 왕족들은 발리로 망명했어. 이후 발리 섬에서 힌두교가 발달한 거야.

발리의 힌두교를 이해하려면 문화는 전파된다는 사실을 알아야 해. 문화 전파는 무역, 여행, 전쟁 등을 계기로 서로 문화가 다른 사람들 사이의 다양한 이동과 접촉을 통해 이루어져. 문화는 전염병이 퍼지듯이 가까운 곳으로 차례차례 전파되기도 하지만, 개구리가 펄쩍 뛰어오르듯이 멀리 떨어진 곳으로 전파되기도 해. 중간에 있는 지역들은 그냥 스쳐 지나가는 곳에 불과한 경우지.

문화가 전파되는 모습은 지역마다 달라. 세계 각지의 문화가 모자이크 조각들처럼 다른 것도 문화 전파가 만든 차이라고 볼 수 있어.

예를 들어 볼까? 사람들이 즐기는 다양한 스포츠 중 막대기로 공을 치는 경기에는 야구와 크리켓이 있어. 야구는 종주국인 미국으로부터 라틴 아메리카와 일본 및 우리나라 등지로 전파되었어. 크리켓의 종주국은 영국이야. 영국의 식민지였던 오스트레일리아, 뉴질랜드, 인도, 캐나다, 아프리카 등지에서도 크리켓을 즐기는데, 대체로 영국 연방 국가들이지.

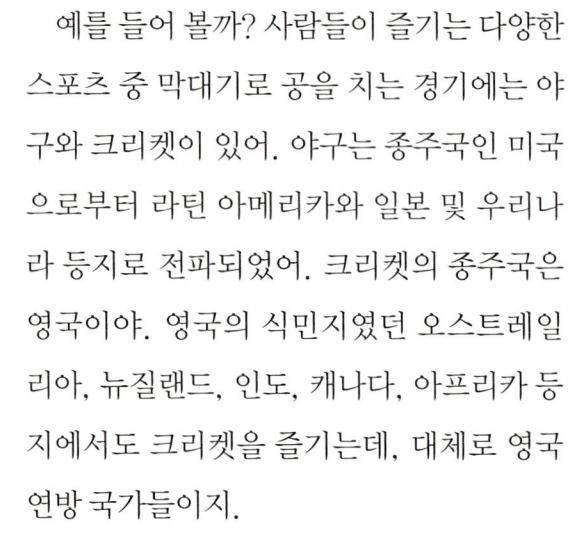

발리의 힌두교 인도네시아는 이슬람 국가지만 인도네시아의 섬인 발리에서는 힌두교를 신봉하고 있어.

세상의 모든 문화는 강처럼 흐르게 되어 있어. 그래서 사람들의 옷차림, 먹을거리, 집뿐 아니라 사고방식, 생활 방식 등이 계속 변하는 거지. 그래서 '문화는 멈추지 않는다.'라고 한단다.

문화는 전파되는 과정에서 변하기도 해

중국에 "귤이 회수를 건너면 탱자가 된다."라는 속담이 있어. 탱자는 귤보다 작은 열매로, 맛이 떫고 쓰기 때문에 먹지 못해. 그래서 과일로서의 가치가 없지. 회수는 중국 남부 지방을 흐르는 화이수이 강이야. 속담을 풀어 보면 '화이수이 강 남쪽에서 자라던 귤이 강을 건너면 귤의 가치를 잃고 탱자가 된다.'는 뜻으로 이해할 수 있어.

속담의 내용처럼 어떤 문화는 전파 과정에서 원래의 모습이 변형되기도 해. 문화가 처음 형성된 지역과 새롭게 전파된 지역은 자연환경과 사회 및 경제적 조건이 서로 다르기 때문이란다.

불교는 인도에서 시작되었어. 히말라야 산맥을 넘고 파미르 고원을 거쳐 비단길을 통해서 중국으로 전파되었지. 또한 중국을 거쳐 우리나라로 들어왔고, 바다 건너 일본까지 건너가게 되었어.

불교의 영향으로 불탑도 전파되었어. 중국의 불탑은 대체로 전탑이 많아. 전탑은 진흙을 구워 벽돌을 만든 다음 차곡차곡 쌓아서 만들었지. 우리나라에서는 전탑 대신 석탑을 만들었어.

경주 불국사에 있는 석가탑과 다보탑은 주변 지역에서 구할 수 있는 화강암으로 만들었지.

중국의 불탑은 일본으로 건너가면서 목탑으로 바뀌었어. 일본은 여름철 습윤한 기후 때문에 나무가 잘 자라고, 예전부터 지진에 잘 견디는 목조 건축술이 발달했기 때문이야. 이처럼 문화는 전파되면서 그 지역의 환경과 조건에 맞게 변화한단다.

성당에 가면 입구에서 성모 마리아 상을 볼 수 있어. 그런데 어느 성당에 갔더니 성모상에 한복을 입혀 두었더구나. 낯설기도 하고, 친근해 보이기도 하면서 기분이 이상했지.

불교 전파와 동아시아 국가의 다양한 불탑 중국, 우리나라, 일본은 모두 불교를 수용했지만, 불탑의 재료는 나라마다 달라. 중국은 전탑, 우리나라는 석탑, 일본은 목탑이 발달했어.

여러 나라의 성모상 아프리카(왼쪽)와 타이(가운데), 멕시코(오른쪽)의 성모상이야. 성모상은 가톨릭의 가장 큰 상징인데, 그 모습은 나라마다 다르게 나타나. 지역의 문화를 반영하기 때문이지.

나라마다 성모상이 다른 모습을 하고 있다는 사실을 알고 있니? 라틴 아메리카에 가면 까무잡잡한 피부의 성모상을 볼 수 있는데, 라틴 아메리카의 원주민이나 혼혈족인 메스티소 같은 모습을 한 성모상이지.

국수의 경우는 어떨까? 고고학자들은 메소포타미아 문명에서 국수가 처음 탄생했다고 보고 있어. 이후 국수는 실크로드를 거쳐 아시아 각지로 전파되었지. 국수는 국가별로 다른 모습을 지니고 있어. 베트남의 쌀국수와 일본의 소바는 재료와 맛, 요리법이 다르지만, 모두 국수로 분류되지. 지금도 국수는 새로운 지역으로 전파되면서 다양한 모습으로 변신을 거듭하고 있어.

이렇듯 문화는 장소를 달리하면서 변하기도 한단다.

세계의 바닥을 수놓은 카펫

유럽 사람들은 카펫을 많이 사용한단다. 특히 이곳 영국에서는 일반 가정집에서도 카펫을 사용하고, 심지어 버스 바닥에 카펫을 깔아 놓기도 해. 유럽 사람들은 왜 카펫을 사용하는 걸까? 또 언제부터 사용했을까?

유럽보다 카펫을 먼저 사용하기 시작한 곳은 중앙아시아 지역이야. 중앙아시아는 바다에서 멀리 떨어져 있어서 사막 기후나 스텝 기후가 나타나는데, 비가 많이 내리지 않기 때문에 양과 염소 등을 기르는 유목이 발달했어.

유럽의 카펫 문화 유럽에서는 가정집, 상점, 버스 등 일상적인 영역에서 카펫을 많이 사용해.

중앙아시아는 여름에 무척 덥고 겨울에는 기온이 크게 떨어져서 무척 추워. 그래서 유목민들은 양털로 만든 실로 천을 짜는 기술을 발전시켜서 카펫을 만들었지. 카펫은 보온성이 뛰어날 뿐 아니라 아름다운 문양을 넣을 수 있어서 장식으로도 이용되었단다.

카펫 문화는 중앙아시아 외곽 지역에서도 널리 발달했어. 이란과 터키의 카펫은 아주 유명해. 투르크메니스탄의 국기에 카펫 문양이 들어가 있을 정도야. 그만큼 카펫의 역사는 깊고, 카펫이 차지하는 의미도 크단다.

유럽에는 11세기에 십자군 전쟁을 통해 카펫이 전파되었다고 해. 18세기까지는 카펫의 대부분이 벽걸이나 식탁보 등의 장식용으로 사용되었어. 영국, 프랑스 등에서도 카펫을 만들었지만 양이 충분하지 않았기 때문이야.

인도에 진출한 네덜란드, 영국, 프랑스는 무역을 통해 인도와 중앙아시아 등지

이란 시라즈의 나시르 알몰크 사원

터키 괴레메의 식당

다양한 무늬와 용도의 카펫 카펫 문화는 이란, 터키, 투르크메니스탄 등 중앙아시아 외곽 지역에서 널리 발달했어.

의 카펫을 대량으로 수입했고, 산업 혁명 이후 유럽에서도 대량으로 카펫을 만들게 되면서 카펫의 용도가 다양해졌어. 이때부터 본격적으로 카펫을 바닥 깔개로 이용한 거야.

카펫은 유럽의 문화가 전파되는 과정에서 신대륙으로 널리 퍼졌어. 미국이나 오스트레일리아, 뉴질랜드에서도 카펫 문화가 보편화되었지. 이처럼 카펫은 중앙아시아 지역에서 시작해 십자군 전쟁과 산업 혁명 등의 역사적 사건을 계기로 전 세계에 널리 퍼졌단다.

햄버거와 청바지로 통하는 지구촌

문화의 세계화

해외여행을 하면서 낯선 현지 음식 때문에 괴로울 때, 맥도날드가 보이면 꽤 반가웠던 기억이 나는구나. 맥도날드 햄버거와 콜라는 세계적으로 표준화되어 있어. 타이에서 만난 맥도날드 아저씨는 "콥쿤캅(고맙습니다)." 하고 타이 말로 인사하면서도 미국식 패스트푸드인 햄버거를 팔고 있었어. 타이의 맥도날드와 우리나라의 맥도날드는 큰 차이가 없어. 맛이 조금 다르게 느껴질 정도지.

맥도날드는 쇠고기를 먹지 않는 인도에까지 진출했어. 힌두교 신자가 많은 인도에서는 소를 신성하게 여기기 때문에 쇠고기 먹는 것을 금기시해. 그래서 인도의 맥도날드에서는 쇠고기 대신 닭고기를 넣어 만든 햄버거를 팔지. 인도에는 채식주의자도 많아서 맥도날드는 고기를 빼고 감자와 채소를 넣어 만든 햄버거도 판매한단다.

일본의 맥도날드는 돼지고기를 좋아하는 일본인들을 위해 돼지고기에 일본 특유의 데리야키 소스를 더한 메뉴를 만들었어. 타이완, 인

세계의 맥도날드 맥도날드 햄버거는 음식 문화의 세계화가 지구촌을 어떻게 바꾸어 놓고 있는지 보여 주고 있어.

도네시아, 싱가포르 등지에서는 빵 대신 쌀로 만든 햄버거를 판매하고 있단다.

　맥도날드 햄버거는 문화의 세계화를 가장 잘 보여 주는 사례에 해당해. 맥도날드는 세계 200여 개 나라에 진출했고, 하루에 맥도날드를 찾는 사람만 해도 우리나라 인구보다 많은 5,400만 명 정도나 된다고 해. 맥도날드를 비롯한 패스트푸드는 지구촌 곳곳에 스며들어 전 세계인의 식생활을 바꿔 놓고 있어.

한류 열풍이 바로 세계화야

아일랜드 출신의 가수 데미안 라이스는 세계인의 자유와 인권에 대한 노래를 많이 불렀어. 그는 미얀마의 민주화 지도자인 아웅산 수치 여사가 군사 정부에 의해 감금되었을 때, 그녀를 위한 노래를 만들기도 했어. 몽골 여성의 인권과 티베트 민족의 분리 독립을 위해서도 노래를 불렀지.

지구 반대편인 아일랜드에서 태어난 사람이 미얀마와 몽골, 중국 티베트의 인권과 자유 문제에 관심을 갖는 것, 그가 만든 노래를 우리나라 사람이 공감하는 것, 한국인 팬들을 위해 내한 공연을 한 것, 이 모든 것을 이해하기 위해서는 '세계화'라는 개념을 알아야 해.

세계화를 이끈 것은 교통과 통신의 발달이야. 특히 요즘은 인터넷이 세계화를 가속화시키고 있지. 아빠는 유튜브로 외국 음악을 들을 때 세계화를 실감한단다. 우리나라 가수들의 노래도 유튜브를 통해 세계인과 만나고, 수천만 건의 조회 수를 기록하기도 하

세계화의 영향 아일랜드 출신의 가수 데미안 라이스는 미얀마의 정치인 아웅산 수치 여사의 석방을 위해 노래했어.

아웅산 수치 여사

데미안 라이스

한류 열풍 우리나라의 대중음악이 K-POP이라는 이름으로 전 세계에 퍼져 가고 있어.

지. 수많은 외국인이 세계 곳곳에서 우리의 음악을 즐기고 있다는 이야기야.

'한류'라고 불리는 우리 문화의 세계화는 매우 빠르게 이루어지고 있어. 우리나라의 대중음악인 K-POP을 비롯해 드라마와 영화들이 외국에 수출되고 있지. 우리나라 텔레비전 프로그램을 해외에서 촬영했을 때, 현지 공항에 무수히 많은 사람이 몰려들었어. 타이, 중국, 홍콩 등의 현지에서 우리나라 연예인들의 인기는 굉장했어.

드라마와 음악 등의 문화 영역에서 시작된 한류는 우리나라의 언어와 역사 등으로 확산되고 있어. 세계 약 50개 나라에는 외국인들에게 우리말과 글을 가르치는 '세종 학당'이 설치되어 있어. 우리말과 글을 배우려는 외국인들이 점점 많아지고 있다고 해.

앞으로 문화의 세계화는 더 빠르게 진행될 거야. 인터넷과 스마트폰을 이용하면서 외국 문화에 더 쉽고 빠르게 접근할 수 있게 되었거든. 이렇게 우리 문화가 세계로 진출하고, 외국 문화가 우리나라로 들어오면서 세계의 문화는 끊임없이 변하고 있단다.

서로 다른 문화가 합쳐진다면?

외국의 문화가 우리나라에 들어와 우리 문화와 섞이기도 하고, 우리 문화가 외국에 가서 현지 문화와 섞이기도 해. 이렇게 하나의 문화가 또 다른 문화와 합쳐지는 것을 '문화 융합'이라고 해. 이탈리아의 피자와 우리나라의 불고기가 결합된 불고기 피자, 햄버거와 밥이 결합된 라이스 버거 등이 바로 문화 융합의 사례야.

우리나라의 결혼 문화도 문화 융합의 좋은 사례야. 네 할아버지와 할머니는 혼례상에 갖가지 음식을 차려 놓고 서로 마주 보면서 결혼식을 올렸지만, 요즘은 결혼식장에서 신랑과 신부가 나란히 서서 주례 선생님을 바라보며 결혼식을 올려. 결혼식이 끝나면 하객들은 식

우리나라의 결혼식 모습 우리나라의 결혼식은 보통 서양식 혼례와 전통 방식의 폐백으로 이루어져.

당으로 가서 뷔페 음식 등을 먹지. 이렇게 보면 우리의 결혼 풍습이 완전히 서양식으로 바뀌었다고 생각하기 쉬워.

하지만 이게 끝이 아니야. 신랑과 신부는 서양식 결혼식을 마치고 나서 집안 어른들께 폐백을 올려. 한복을 차려입은 신랑과 신부가 신랑의 부모님과 어른들께 음식을 차린 뒤 절을 올리는 거야. 집안 어른들은 신랑과 신부가 맞잡은 고운 천 위에 대추와 밤을 던지는데, 자식을 많이 낳고 잘살라는 뜻이란다.

이렇게 우리나라의 결혼 문화에는 서양 문화와 전통 문화가 결합되어 있어. 우리의 결혼식 문화뿐 아니라 삶의 여러 모습을 들여다보면 곳곳에 우리 전통 문화와 서양 문화가 어우러져 있음을 알게 될 거야.

문화 경관으로 드러나는 문화 융합의 사례에는 한옥 양식으로 지어진 호텔을 예로 들 수 있어. 부산과 경주 등지에 위치한 코모도 호텔은 현대식 호텔 건물 위에 기와를 올려 장식했어. 서구 양식의 건물에 한옥 양식을 접목한 거야. 호텔 내부의 기본 구조는 서양식이지만 호텔 로비나 한식당 등의 내부는 전통 방식으로 장식했지.

건축의 문화 융합 경주(위)와 부산(아래)의 코모도 호텔은 서양식 건물에 한옥 양식을 접목했어.

세계화로 점점 비슷해지는 문화

'획일화'란 하나로 통일되는 것 혹은 서로 비슷해지는 것을 말해. 예를 들어 지금 너는 학교에 갈 때 친구들과 다른 옷을 입지만, 중학생이 되면 교복을 입어야 해. 교복이 바로 획일화된 옷이지. 세계화의 영향으로 문화가 획일화되고 있다는 사실은 앞에서 맥도날드 햄버거 이야기를 할 때도 살펴보았던 내용이야.

옷의 획일화에 대해 좀 더 이야기해 볼까? 우리나라, 중국, 일본의 전통 복장은 각기 달라. 옛날 우리나라 여성은 한복을 입었고, 중국 여성은 치파오, 일본 여성은 기모노를 입었지. 오늘날은 어떨까? 세 나라의 사람들은 모두 서양식 옷을 입기 때문에 차림새가 비슷해. 세

중국 베이징의 유니클로   일본 도쿄의 유니클로

옷의 획일화 과거에는 민족별로 서로 다른 전통 의복을 입었지만, 오늘날에는 세계 사람들이 서로 비슷한 옷을 입고 생활하고 있어. 특히 글로벌 의류 브랜드가 세계 각지에 전파되어 이제는 세계인이 정말 '같은 옷'을 입게 되었지.

청바지의 세계화 청바지는 미국 서부 광산에서 광부들의 작업복으로 시작되어 아프리카와 이슬람 국가 등 전 세계 각지로 전파되었어.

나라의 옷 문화가 획일화된 거지. 세 나라뿐 아니라 전 세계 사람들의 옷차림도 우리와 별로 다르지 않아.

청바지는 옷의 획일화를 보여 주는 좋은 사례야. 혹시 언제부터 청바지를 입었는지 알고 있니? 청바지를 처음 만든 사람은 천막 천을 판매하던 상인 리바이 스트라우스야. 어느 날 광산으로 천막 천을 팔러 갔던 그는 광부들의 바지가 쉽게 찢어지는 것을 보았어. 그 순간 천막 천을 이용해 바지를 만들면 광부들에게 인기가 있을 거라는 생각이 떠올랐지. 그의 예상은 적중했고 천막 천으로 만든 청바지는 불티나게 팔려 나갔어.

청바지는 처음에 작업복으로 만들어졌지만, 점점 많은 사람이 입으면서 일상복이 되었어. 그리고 전 세계로 전파되었지. 청바지는 미국에서 '노동, 서부, 반항, 자유, 젊음'의 상징이 되었어. 우리나라에 청바지가 들어온 것은 1950년대야. 한국 전쟁 당시 미군들이 입었던 청바지가 우리나라 젊은 층을 중심으로 급속도로 퍼져 나갔지. 우리나라에서 청바지는 '평상복, 개성, 유행'의 상징이 되어 지금까지도 많은 사람이 즐겨 입는 일상복이 되었단다.

청바지는 미국과 사이가 좋지 않은 이슬람 국가에까지 침투해 들어갔어. 청바지가 이슬람 세계에 들어갔다는 것은 세계화의 힘이 그만큼 강력하다는 증거야. 이슬람 국가 중 미국과 가장 사이가 좋지 않은 이란의 수도인 테헤란의 거리에서도 청바지를 입은 여성들을 볼 수 있어.

해외여행의 묘미는 우리나라와는 다른, 그 나라만의 문화를 볼 수 있다는 거야. 그런데 점차 세계의 문화가 획일화된다면 어디에 가나 똑같은 모양의 건물, 똑같은 자동차, 똑같은 옷차림의 사람들만 보일 거야. 그렇게 되면 여행이 무지 따분해질지도 몰라.

문화를 둘러싼 갈등

할머니는 피자를 잘 못 드셔. 너는 '할머니는 왜 맛있는 피자를 못 드실까?' 하고 생각할지도 모르지만, 너도 매운 젓갈이나 삭힌 홍어 같은 전통 음식을 잘 먹지 못하잖니. 할머니와 네 입맛이 까다롭거나 이상해서 그런 것은 아니야. 할머니에게는 피자가, 너에게는 전통 음식이 낯설기 때문이지. 낯선 것은 두렵기 마련이고, 무언가에 익숙해진다는 것은 생각만큼 쉽지 않은 일이란다.

문화를 둘러싸고 갈등이 일어나는 가장 큰 이유는 서로 다르게 살아왔기 때문일 거야. 그래서 익숙한 것이 옳은 것이고, 익숙하지 않은 것은 틀렸다고 생각하는 경우가 많아. 우리나라 사람들이 집 안에 들어갈 때 신발을 벗고, 미국 사람들이 신은 채로 들어가는 것은 분명 '다른' 것이지 어느 한쪽이 '틀린' 것은 아니야.

또 하나 생각해 볼 문제는 힘의 불균형이야. 근대 이후 서유럽과 미국의 힘은 강했고, 아시아와 아프리카 및 라틴 아메리카 나라들의 힘은 약했어. 그 때문에 서유럽과 미국의 문화는 부러움의 대상이 되면서도 한편으로는 받아들이기 힘든 것이 되기도 했지. 백인 남녀가 우리나라 길거리에서 당당하게 입맞춤하는 모습을 생각해 봐. 부럽기도 하지만 한편으로는 '저래도 될까?' 하는 생각이 들기도 하지.

문화적 갈등의 골이 깊은 경우도 많아. 특히 이슬람교와 크리스트교의 갈등은 걷잡을 수 없을 정도야. 유럽에는 이슬람교를 믿는 사람이 늘고 있어. 이슬람 국가 출신의 노동자들이 유럽의 경제 성장 과정에서 많이 유입된 탓이지. 유럽의 대도시에서는 이슬람 사람들을 쉽게 볼 수 있어. 오스트리아의 수도 빈에는 '이슬람 시장'이 있을 정도야.

유럽 사람들은 이슬람 사람들에 대한 편견이 있어. 물론 이슬람 사람들도 유럽 사람들을 오해하는 경우가 많지. 이슬람 여성 중에는 머리부터 발목까지 몸 전체를 가리는 부르카를 쓰는 사람이 많은데, 프랑스, 이탈리아, 벨기에, 네덜란드 등에서는 공공장소에서 부르카를 못 쓰게 하는 법안을 만들었어. 여성의 인권과 치안 문제를 이유로 들지만, 이슬람 사람들은 그 법안이 종교의 자유를 침해한다며 반대하고 있어.

유럽 사람들과 유럽에 거주하는 이슬람 사람들 간의 갈등은 점점 더 커지고 있어. 유럽에 이슬람 사원을 짓는 데 대해 현지 주민들이 반대하고, 심지어 관공서도 허가를 내주지 않지. 이슬람식으로 소나 양을 도축하는 것을 금지하는 법안을 만들기도 해. 하지만 앞으로 유럽 내에서 이슬람 세력은 더 커질 거야. 과연 앞으로 유럽에서는 어떤 일들이 일어날까?

세계화가 급속하게 진행되면서 지역 및 국가 간 인구 이동이 확대되고 있어. 서로 다른 문화를 지닌 사람들 사이의 교류가 늘고 있다는 의미지. 이러한 문화의 교류는 삶을 풍부하게 하는 측면이 있지만, 반대로 긴장과 갈등을 유발할 가능성도 높아.

유럽의 이슬람교 확산과 갈등 유럽 내에 이슬람 인구가 증가하면서 크리스트교를 신봉하는 유럽인과 유럽에 거주하는 이슬람인 사이의 갈등이 커지고 있어.

강한 문화만 살아남는다면?

세계화로 인해 문화가 획일화되면서 지역의 고유문화가 사라지고 있어. 고유문화 속에는 전통적으로 내려오는 주민들의 지혜가 깃들어 있는데, 고유문화가 사라지면서 인류가 쌓아 온 지혜들도 사라지고 있지.

매년 5월 21일은 국제 연합이 지정한 '세계 문화 다양성의 날'이야. 왜 이런 날을 만들었을까? 강한 문화만 살아남는 문화의 획일화에 대한 우려 때문일 거야. 다양한 문화가 유지되어야 그 속에서 또 새로운 문화가 탄생할 수 있어.

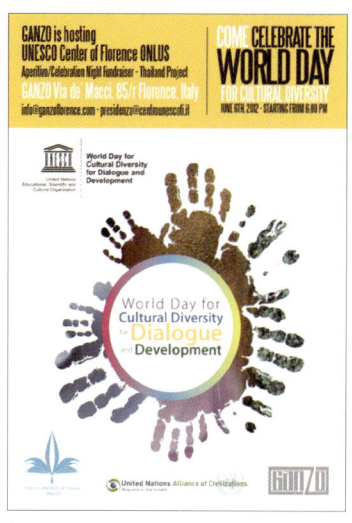

'세계 문화 다양성의 날' 포스터

대형 마트의 사례를 볼까? 세계에서 가장 큰 유통 기업 중 하나인 월마트가 우리나라에 들어와 대형 마트를 열었지만 실패했어. 특히 프랑스의 까르푸는 우리나라에 많은 투자를 하고도 큰 성과를 거두지 못했지. 두 기업 모두 서구식 창고형 대형 마트를 고집했거든.

반면 국내 기업인 이마트와 롯데마트, 그리고 영국 기업이 만들었지만 국내 소비자들의 특성을 잘 파악한 홈플러스는 확실하게 자리를 잡았어. 서유럽의 대형 마트가 커다란 창고에서 자신이 원하는 물품을 조용히 집어 들어 계산하는 식이라면, 우리나라의 대형 마트는 소비자가 점원들과 소통하면서 물건을 찾고 맛보기 음식을 먹으면서 장을 볼 수 있도록 만든 것이 특징이야. 이렇게 우리나라의 대형 마트 속에는 우리의 전통 문화와 정서가 살아남아 있다고 볼 수 있단다.

할리우드 영화 못지않은 볼리우드 영화

이곳은 인도 서부에 위치한 뭄바이야. 뭄바이는 인도의 수도는 아니지만, 인도에서 가장 인구가 많고 경제가 발달한 도시란다. 뭄바이는 고층의 현대식 건물이 밀집한 지역과 나무로 만든 작은 오두막들이 모여 있는 가난한 마을, 곧 슬럼이 공존하는 곳이야.

뭄바이는 영화 산업으로 유명해. 미국에 할리우드가 있다면 인도에는 '볼리우드'가 있단다. 볼리우드는 뭄바이의 옛 이름인 봄베이와 할리우드가 결합한 용어로, 인도의 영화 혹은 영화 산업으로 유명하지.

볼리우드 영화는 잘생긴 남녀 무용수들의 화려한 군무가 특징이란다. 배우들의 대사가 이어지다가 난데없이 음악과 어우러진 춤판이 벌어지는데, 주인공 혼자서 춤을 추기도 하지만 수십 명, 수백 명이 일사분란하게 춤추는 장면도 많아.

특이한 점은 영화 속 배우들이 춤을 추면 관객들도 일어나 함께 춤을 춘다는 거야. 어떤 영화관에서는 "조용히 보는 사람은 내쫓는다."는 안내 방송을 한다고

뭄바이의 두 얼굴 뭄바이의 야외 빨래터 도비 가트에는 빨래를 해서 먹고사는 최하층민들이 살고 있어. 도비 가트 바로 옆에는 화려하고 높은 빌딩들이 들어섰단다.

해. 관광객들은 인도 영화를 보기 위해 영화관을 가기도 하지만, 영화를 보는 인도인들의 모습을 보기 위해 찾기도 한단다.

인도에서는 해마다 700~1,000편 정도의 영화가 만들어지고, 매주 1억 명 이상의 관객이 1만 3,000여 개의 극장에서 영화를 즐기지. 인도에서 외국 영화는 발을 붙이지 못해. 인도 영화의 점유율이 무려 90%를 넘기 때문이야.

볼리우드 영화는 인도 사람들에게 안식처의 역할을 한단다. 인도에는 세계적 갑부도 많지만, 대다수의 인도 사람은 매일 고된 노동에 시달리고 있어. 가난한 인도 사람들은 영화를 보는 동안 힘든 현실에서 잠시나마 해방되는 것이 아닐까?

3 다양한 문화로 이루어진 지구촌 129

갈등과 공존의 사이

문화 갈등과 공존

터키의 이스탄불은 여러 문명이 교차하는 도시야. 유럽과 아시아 대륙이 만나는 곳에 위치하는 이스탄불은 동로마 제국과 오스만 튀르크의 수도였어. 콘스탄티노플이라고 불렸던 이스탄불은 크리스트교의 중심지였지. 근대에 들어와 오스만 튀르크 세력이 발칸 반도 일대를 점령했는데, 이스탄불도 이때부터 이슬람 세력 아래로 들어갔단다.

이스탄불은 세계에서 유일하게 유럽과 아시아 지역에 걸쳐 있는 도시야. 폭이 750m에 불과한 보스포루스 해협을 경계로 유럽과 아시아로 나뉘어 있어. 유럽의 이스탄불이자 아시아의 이스탄불이기도 한 거야. 그래서 이스탄불은 동서양의 문명이 만나고 공존하는 도시가 되었단다.

유럽 지구의 구시가지 해안 언덕에는 성 소피아 성당이라고 불리던 건물 아야 소피아가 있어. 아야 소피아는 비잔티움 양식의 건축물로 동로마 시대에 성당으로 지어졌다가 오스만 튀르크의 지배기에 이슬

유럽과 아시아에 걸쳐 있는 도시 이스탄불
이스탄불은 보스포루스 해협을 경계로 유럽과 아시아에 걸쳐 있는 도시로, 문명 전파의 십자로 같은 곳이야.

람 사원으로 바뀌었지. 건물 중앙의 돔으로 되어 있는 부분이 먼저 지어진 성당 건물이고, 건물을 에워싼 연필 모양의 뾰족한 탑은 이슬람 사원으로 바뀔 때 세워졌어.

　아야 소피아는 오늘날 박물관으로 쓰이고 있는데, 안으로 들어가면 크리스트교의 성스러운 그림들을 볼 수 있어. 오스만 튀르크 사람들은 성당을 이슬람 사원으로 바꿀 때 크리스트교의 성화에 덧칠만 했을 뿐 파괴하지는 않았다고 해. 그래서 오늘날에도 옛 그림을 볼 수 있지. 물론 건물의 겉모습은 여전히 이슬람 사원이야.

　아야 소피아를 보면 서로 다른 문화가 어떻게 만나는지 알 수 있어. 처음엔 힘이 있는 문화가 힘없는 문화를 억누르고 지워 내려 하지만, 결국 오랜 세월이 지나면 서로 융합하여 공존하게 되는 거야.

아야 소피아의 내부와 외관   아야 소피아는 로마 시대에 크리스트교 대성당으로 지어졌으나, 터키가 지배할 때 이슬람 사원이 되었고, 현재는 박물관으로 이용되고 있어.

어떤 종교를 갖고 있니?

전 세계 사람의 4명 중 3명은 종교를 가지고 있어. 사회주의 국가 출현 전에는 종교를 믿지 않는 사람이 거의 없었다고 해도 과언이 아니야.

　우리나라 사람들에게 종교란 어떤 의미일까? 흔히 우리나라를 유교 국가라고 하지. 서양에서는 유교를 종교라고 보는 시각이 많아. 유교는 영어로 '컨퓨셔니즘(Confucianism)'인데, 우리말로 그대로 옮기면 '공자교'야. 유교가 종교인지 아닌지에 대해서는 논란이 있지만, 우리 삶에 큰 영향을 끼치고 있는 것은 사실이야. 웃어른을 만나면 인사를 드려야 한다고 배우는 것, 다툼이 나면 "너 몇 살이야?" 하고 나이를 따져 묻는 것도 유교의 영향 때문이라고 할 수 있어.

　해외여행을 하다 보면 '종교는 생활'이라는 말을 실감할 수 있어. 유럽의 작은 동네에 가면 교회가 있고, 그곳에서는 하루에도 몇 번씩 종이 울려. 사람들은 그 종소리를 들으며 생활하는 거야. 일요일이면 주민들은 교회에 가서 예배를 드려. 그리고 묘지가 있는 교회 근처 공원에서 간단한 음식을 나눠 먹지. 어린 시절부터 이런 기억을 쌓아 가면서 자연스럽게 종교를 받아들이게 된단다.

이슬람 지역에 가면 새벽에 사원에서 누군가 외치는 소리가 들려. 그 소리의 정체는 '아잔'이야. 아잔은 교회의 종소리처럼 이슬람 사원에서 기도 시간을 알리기 위해 크게 외치는 소리야. 이방인에게는 아잔 소리가 조금 괴기스럽게 들릴지도 모르지만, 이슬람 사람들에게는 알라신의 부름처럼 느껴질 거야. 이슬람 사원도 성당이나 교회처럼 사람들이 사는 동네에 있어. 이슬람을 믿는 사람들은 하루에 다섯 번씩 메카를 향해 기도를 올린단다.

동남아시아의 여러 나라에는 동네 한가운데에 절이 있지. 타이에 가면 거리에서 탁발(승려

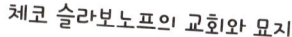
체코 슬라보노프의 교회와 묘지

타이 방콕 시내의 화려한 불교 사원

인도 델리의 자마 마스지드 사원

들이 집집마다 돌아다니며 음식을 구하는 것)을 하는 승려를 많이 볼 수 있어. 수도인 방콕이건, 치앙마이처럼 내륙에 위치한 도시건 시내 어디에나 크고 화려한 사원이 많아. 사람들은 시간이 날 때마다 사원에 들러 향을 피우고 기도를 올리지. 이처럼 종교는 사람들의 일상생활에서 아주 큰 부분을 차지하고 있단다.

종교 때문에 싸우기도 하지

우리 집안의 종교는 다양해. 엄마는 성당, 할머니는 절, 그리고 고모는 교회에 다니지. 아빠는 너처럼 종교가 없어. 예전에는 같은 집안에 서로 다른 종교를 믿는 사람이 있으면 싸움이 나기도 했지만, 요즘은 서로의 종교를 인정해 주는 분위기로 바뀌고 있어.

우리나라는 종교끼리의 갈등이 거의 없다고 할 수 있지. 하지만 세계에는 한 나라 안에서 서로 다른 종교 집단 사이에 갈등이 생기는 경우도 있고, 다른 나라와 종교 차이로 갈등하는 경우도 있어. 인도 남쪽에 '인도의 눈물'이라고 불리는 스리랑카는 불교 국가야. 스리랑카의 불교 신자들은 힌두교를 믿는 사람들과 오랫동안 갈등했어. 2009년에 내전이 끝났다고는 하지만, 아직 완전한 평화를 얻었다고 말할 수 없지.

스리랑카 외에도 종교의 차이 때문에 갈등하는 나라는 많아. 이스라엘에서는 유대교와 이슬람교가, 북아일랜드에서는 개신교와 가톨릭교가, 그리고 인도 북서부 카슈미르 지역에서는 힌두교와 이슬람교가 갈등하고 있어. 심지어 같은 이슬람교를 믿는 나라끼리도 종파가 나뉘어 서로 갈등하기도 하고, 같은 크리스트교 뿌리인 가톨릭교와 그리스 정교 사이에도 갈등이 발생하고 있단다.

특히 크리스트교와 이슬람교의 갈등은 무척 뿌리가 깊어. 세계사에 크게 기록된 십자군 전쟁도 두 세력의 다툼 때문에 벌어진 일이야. 미국 뉴욕의 세계 무역센터를 무너뜨린 테러의 근본 원인도 크리스트교와 이슬람교의 갈등 때문이라고들 하지.

종교의 차이로 한 나라가 나뉘는 경우도 있어. 남수단은 2011년

〈성 콘스탄티노플에 입성하는 십자군〉 19세기 프랑스 화가 들라크루아가 십자군 전쟁을 그린 작품이야. 십자군 전쟁은 11세기 말에서 13세기 사이 서유럽의 크리스트교도들이 성지 팔레스티나와 성도 예루살렘을 이슬람교도로부터 탈환하기 위해 벌였던 전쟁이야.

3 다양한 문화로 이루어진 지구촌

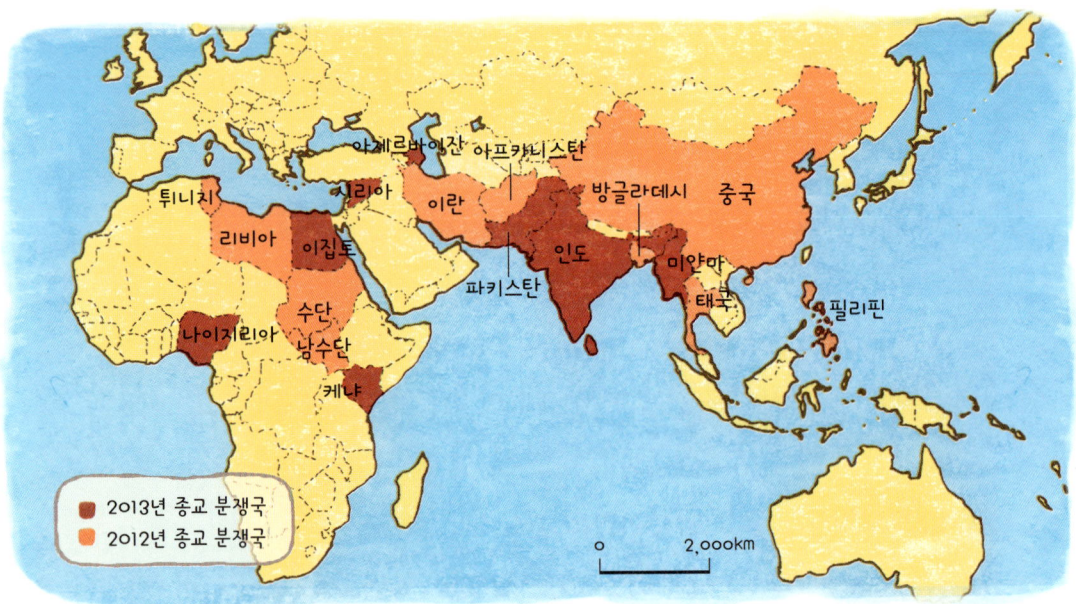

세계의 종교 전쟁 세계 각지에서는 여러 종교 간에 혹은 종교의 종파 간에 갈등이 발생하고 있어. 종교 갈등은 국가 간에 발생하기도 하고, 내전의 형태로 발생하기도 해.

7월 수단에서 독립했는데, 그 이유 중 하나가 종교의 차이야. 수단 사람들은 이슬람교를 믿고 남수단 사람들은 크리스트교를 믿거든. 인도네시아에서 독립한 동티모르와 세르비아에서 독립한 몬테네그로도 종교의 차이가 국가의 분리 독립에 커다란 영향을 미쳤어.

민족의 문화를 담은 언어

언어는 종교와 함께 문화의 특성을 보여 주는 커다란 요소야. 우리나라 사람들은 한국어로 생활하지만, 세계에는 강대국의 언어를 사용하는 지역이 많아. 아메리카와 오세아니아, 아프리카의 많은 나라에서는 원주민의 언어가 거의 사라져 버렸어.

한편 자기네 고유 언어를 잃지 않기 위해 노력하는 사람들도 있어.

벨기에는 프랑스, 독일, 네덜란드 사이에 있는 매우 작은 나라지. 벨기에는 고유 언어가 없어서 지역에 따라 네덜란드어, 프랑스어, 독일어를 사용해. 라틴 세력과 게르만 세력이 만나는 곳에 위치한 탓에 여러 언어를 사용하게 된 거야.

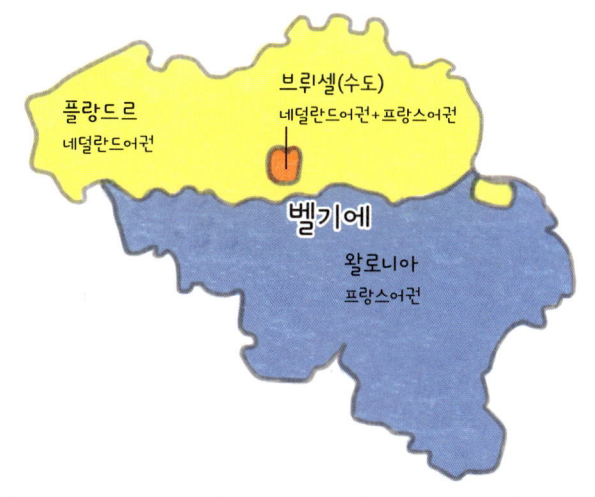

벨기에 언어 벨기에의 남부는 프랑스어, 북부는 네덜란드어를 주로 사용해. 언어 및 문화 차이로 인해 두 지역 간에는 갈등이 지속되고 있어.

과거에는 프랑스어를 쓰면서 농업과 축산업이 발달한 왈로니아 지역이 잘살았는데, 최근에는 지식 산업이 발달하면서 네덜란드어를 쓰는 플랑드르 지방 사람들이 더 잘산다고 해. 그래서 플랑드르 사람들은 독립을 하고 싶어 한단다. "플랑드르의 사자가 왈로니아의 수탉에서 벗어나고 싶어 한다."는 말도 있어.

캐나다 국민의 대부분은 영어를 사용하는데 동부 퀘벡 지역의 사람들은 프랑스어를 사용해. 퀘벡 지역의 몬트리올은 파리를 가장 많이 닮은 도시야. 몬트리올에서는 지하철을 파리처럼 '메트로'라고 하고, 프랑스 파리에서와 같이 '빅시'라는 공공 자전거 대여 제도도 운영하고 있어. 교통 표지판, 주소, 거리 이름도 모두 프랑스어로 되어 있고, 텔레비전 방송에서도 프랑스어가 나오지. 몬트리올을 비롯한 퀘벡 지역의 자동차 번호판에는 프랑스어로 '나는 기억한다(Je me souviens)'라고 적혀 있어. 캐나다 건국 초기에 프랑스군과 영국군이 전쟁을 벌였는데, 그때의 패배를 잊지 않고 있다는 뜻이지.

퀘벡 사람들은 캐나다에서 독립하려고 했어. 그런데 막상 주민 투표를 해 보니 캐나다에 남겠다는 표가 더 많이 나온 거야. 나름대로 갈등이 잘 마무리된 거지.

나라가 없는 비운의 쿠르드족

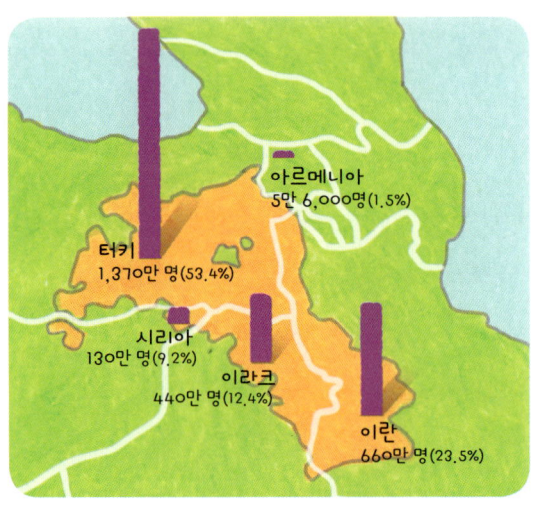

쿠르드족의 분포 쿠르드족은 자그로스 산맥이 지나는 터키, 이라크, 이란에 걸쳐 분포하고 있어.

터키 동부에는 아나톨리아 고원과 자그로스 산맥이 이어지는 매우 거친 지형이 펼쳐져 있어. 터키, 이란, 이라크가 만나는 이곳에 수천 년 전부터 거주하는 민족이 있는데, 바로 쿠르드족이야. "쿠르드족에게는 친구가 없다. 오직 산이 있

터키 동부 도우베야짓의 이삭파샤궁 쿠르드족 왕이 건립한 이 궁은 터키의 보석이라고도 불려.

터키-쿠르드 30년 만의 평화 협정 2013년 5월, 쿠르드족 무장 저항 단체 PKK와 터키 정부의 평화 협정이 체결되자 쿠르드 주민들이 거리에 나와 환호했어.

을 뿐이다."라는 속담이 있듯이, 쿠르드족은 온갖 어려움을 겪으면서 살았어. 터키 공화국의 초대 대통령인 케말 파샤는 쿠르드족을 탄압하면서 쿠르드와 관련된 기록을 모두 불태워 버렸어. 하지만 쿠르드족이 오랜 기간 독자적 문화를 고수하면서 긴 세월을 견뎌낸 것은 지울 수 없는 사실이야.

 터키 동부의 산악 지대에 펼쳐진 지역인 쿠르디스탄은 '쿠르드족의 나라'라는 뜻을 지니고 있어. 이곳은 인류 최초로 농경이 시작되고 문자가 사용된 곳이야. 또한 처음으로 가축을 길들이고, 도자기를 만들고, 천을 짜 옷을 만들어 입기도 한 곳이지.

 쿠르디스탄은 세 나라에 걸쳐 있는데, 그중 터키 지역에 소속된 땅이 가장 넓어. 터키 사람들은 쿠르드족을 산적이라고 비하하고, 쿠르디스탄이라는 용어를 사용하는 것만으로도 거부감을 보이기도 해. 하지만 터키는 유럽 연합에 가입하려고 쿠르드족에 대해 여러 완화 정책을 썼어. 쿠르드어를 공용어로 인정하고, 국영 방송국에서 쿠르드어 채널을 개설하기도 했지.

이라크 땅에 사는 쿠르드족은 사담 후세인이라는 독재자에게 핍박을 받았어. 수많은 쿠르드족이 추방되거나 처형당했지. 이라크 전쟁 후 한때 쿠르드족이 이라크의 대통령이 되긴 했지만, 이라크에서도 쿠르드족의 자유와 독립의 길은 여전히 멀기만 해.

서로 다른 종교가 공존하는 우리나라

종교 갈등으로 나라가 나뉘고 전쟁이 일어나기도 해. 하지만 우리나라는 다른 종교를 가진 사람들끼리 비교적 사이좋게 지내고 있어. 한 교실 안에 불교를 믿는 친구, 크리스트교를 믿는 친구, 그리고 소수 종교를 믿는 친구들이 함께 어울리지.

우리나라에는 왜 종교 갈등이 없는 걸까? 우리가 다른 나라 사람들에 비해 특별히 관용 정신이 있다거나, 남의 종교를 존중해 주는 가치관이 잘 형성되었다고 보기는 힘들어. 아빠는 우리나라에 종교 갈등이 적은 이유가 유교의 영향 때문이라고 생각해.

유교는 종교와 윤리관의 중간 성격을 지니고 있어. 조선 시대 500년 동안 우리나라 사람들의 삶에 뿌리 내린 유교는 유일신에 대한 신앙으로서의 믿음보다는 현실 생활에서의 윤리를 더 중요시했어. 그래

조계사의 성탄 트리 우리나라의 절에서는 크리스마스 때 성탄 트리를 설치하고, 가톨릭에서는 석가탄신일에 축하 메시지를 전하기도 해.

서 우리나라 사람들은 종교에 크게 집착하지 않고, 다른 사람이 어떤 종교를 믿든 크게 신경 쓰지 않는 것은 아닐까?

서울 시내 한복판에 낯선 이슬람교 사원이 있고, 가톨릭교 신자면서 제사를 지내는 사람도 있지. 특정 종교의 교리만을 철저하게 믿는 외국인의 눈으로 보면 참으로 이해하기 어려운 일일 거야.

예수가 탄생한 날인 성탄절과 고타마 싯다르타가 탄생한 석가탄신일 모두 공휴일인 나라는 많지 않아. 게다가 성탄절에 절에서 성탄절을 축하하는 현수막을 내걸거나 성탄 트리를 설치하고, 석가탄신일에 가톨릭의 대주교가 축하 메시지를 보내는 것은 전 세계적으로 보기 드문 모습이지.

이렇게 우리나라는 서로 다른 종교가 싸우지 않고 공존할 수 있다는 것을 보여 주는 모범적인 사례야.

민족, 언어, 종교가 달라도 하나

싱가포르는 아주 작은 나라야. 나라의 전체 면적이 서울의 면적과 비슷하고, 인구는 서울 인구의 절반에도 못 미쳐. 하지만 싱가포르를 작고 보잘것없는 나라라고 생각하면 큰 오산이야. 싱가포르는 동남아시아에서 가장 경제가 발달한 국가이면서 세계 금융의 중심지이기도 하단다.

싱가포르의 인구는 중국계 76%, 말레이계 14%, 인도계 8% 등으로 이루어져 있어. 작은 나라지만 대표적인 다민족 국가에 해당한단다. 민족에 따라 사용하는 언어뿐만이 아니라 신봉하는 종교도 달라. 중국계 사람들은 도교, 말레이계 사람들은 이슬람교, 인도계 사람들은

싱가포르 차이나타운과 리틀 인디아 싱가포르에는 중국계, 말레이계, 인도계 사람들이 조화롭게 어우러져 살아가고 있어.

힌두교를 주로 믿지.

아빠는 싱가포르에 갔을 때, 특히 시가지 구경을 많이 했어. 중산층이 사는 대규모 아파트 단지들을 살펴보고, 인도계 사람들이 사는 곳, 말레이계 사람들이 사는 곳, 차이나타운 등 여러 지역을 고루 보았지. 어느 날 택시를 타고 가다가 택시 기사에게 무심코 "중국인이세요?" 하고 물었어. 그랬더니 돌아온 답이 꽤나 의미심장했지. "저는 중국인이 아니라 싱가포르 사람이에요. 싱가포르에는 인도인도, 말레이인도, 중국인도 없어요. 모두 저와 같은 싱가포르 사람만 있죠."

싱가포르의 안내판 싱가포르에서 흔히 볼 수 있는 네 가지 언어로 쓰인 위험 문구야.

싱가포르가 정말 '무지개처럼 서로 조화를 이루는 나라'일지도 모르겠다는 생각이 들더구나.

싱가포르의 안내판은 네 가지 언어로 쓰여 있어. 국민 대다수가 사용하는 영어, 중국계 사람들을 위한 중국어, 인도계 사람들을 위한 타밀어, 말레이인들을 위한 말레이어 등이지. 길거리에서는 다양한 문화적 배경을 지닌 사람을 수없이 만날 수 있기에 '이래서 다문화 국가로군.' 하는 생각이 절로 들었어. 물론 싱가포르에도 민족 간 경제적 차이가 있지만, 커다란 갈등은 없어. 민족과 언어와 종교의 차이를 극복하면서 평화롭게 사는 방법을 익혔다고 할 수 있지.

서울 속의 세계, 외국인 마을

 여기는 서울 서초구에 있는 프랑스 마을이야. 사람들은 이곳을 '서래마을'이라고 불러.

이곳이 서울 속의 작은 프랑스로 불린다면서요? 그 이유가 뭐예요?

실제로 프랑스 사람들이 모여 살고, 거리에 프랑스 풍경이 담겨 있기 때문이야. 이곳에 프랑스 사람들이 모여 살게 된 것은 1985년 프랑스 학교가 들어서면서부터야. 학교를 따라 사람들도 이곳으로 이주해 온 거지. 지금은 이곳에 약 800명 정도의 프랑스 사람이 살고 있다고 해.

그래서인지 거리의 간판들이 정말 특이해요!

프랑스어로 된 간판들이야. 프랑스 음식을 파는 식당도 있고, 프랑스 와인을 파는 가게도 있어. 그리고 보도블록의 색깔도 특이하지 않니?

프랑스 국기를 닮은 삼색 보도블록이네요. 이국적인 분위기가 물씬 나요.

서래마을 곳곳의 풍경

주말이면 이런 이색적인 풍경을 찾아서 사람이 많이 모여 든단다. 하지만 예전보다는 프랑스 거리의 맛이 사라지고 있어. 프랑스라기보다 다국적 거리의 느낌이랄까?

서울에는 서래마을 같은 외국인 마을이 또 있나요?

서울의 주요 외국인 마을

연희동 중국인 마을이나, 이촌동 일본인 마을은 무척 오래된 마을이야. 서울에 생겨난 가장 큰 외국인 마을은 조선족이 모여 사는 구로구 가리봉동 일대의 차이나타운이야. 조선족은 우리 동포니까 외국인 마을이라고 말하기는 어렵지만 말이야. 동네 모습이 무척 독특하단다.

조선족 마을에서는 어떤 모습을 볼 수 있나요?

중국어로 쓴 간판이 많고, 중국 잡화점도 많아. 시장에서 풍겨 나오는 냄새조차도 우리와 많이 다르더구나.

가리봉동에도 가 보고 싶어요. 세계화가 되면서 서울에는 더 많은 외국인 마을이 생기겠군요!

3 다양한 문화로 이루어진 지구촌

4 세계화의 두 얼굴

코카콜라, 세계를 마시다
우리의 밥상은 어디서 올까?
울퉁불퉁한 세계 경제

코카콜라, 세계를 마시다

다국적 기업과 생산 공간

　러시아에서 중국, 베트남, 서남아시아, 미국까지 60여 개 나라 19억 4,000만 명의 사람이 대한민국을 만나는 길 파이로드. 나는 멈추지 않고 파이로드를 열어 갈 것입니다.
　단 한 사람이라도 더 행복해질 수 있다면 더 험한 길도 두렵지 않은, 나는 초코파이입니다.

- '초코파이' 광고 중에서

　우리가 즐겨 먹는 초코파이는 1974년 오리온 사에서 만든 거야. 칼로리가 높아 배고플 때 먹을 만한 간식으로 꾸준히 사랑받고 있지. 초코파이는 러시아와 중국 등 세계 각국에서도 인기 있는 과자야. 제조 회사는 그 덕분에 매출액의 절반 이상을 해외에서 올리고 있어. 지름 7cm, 35g짜리 초코파이가 우리나라의 외교관 역할을 한다는 말은 결코 과장된 게 아니지.

오리온 사는 1995년 중국에 현지 법인을 만들었어. 이후 러시아의 모스크바와 중국의 상하이, 베트남의 빈증성 등지에도 공장을 세웠지. 이제 우리나라 사람들이 만든 초코파이를 세계인이 먹는 시대, 나아가 세계인이 만드는 초코파이를 세계인이 먹는 시대로 접어들었단다.

외국을 여행할 때 슈퍼마켓에서 우리나라 과자가 진열되어 있는 걸 많이 보았어. 남반구에 있는 뉴질랜드의 작은 가게에도 우리나라 과자와 라면이 놓여 있었지. 외국에서 우리나라 과자를 먹으면서 세계화를 실감할 수 있었단다.

국경을 넘나드는 기업들

아빠가 체코 프라하 성에 갔을 때 이야기야. 성으로 들어가는 길을 따라 세워진 수많은 가로등에 'SAMSUNG'이라고 쓰인 파란색 깃발과 'ANYCALL'이라고 쓰인 하얀색 깃발이 펄럭이고 있었어. 삼성이 체코에서 광고를 하면 체코 사람들이 우리나라에 대해서도 잘 알게 될 거라 생각하지만, 삼성은 알아도 코리아는 잘 모르는 체코인이 많아. 삼성이라는 기업이 대한민국이라는 국가보다 더 유명한 거지.

요즘 세계적 기업은 모두 국경을 넘나들면서 활동해. 이렇게 자국뿐 아니라 국경을 초월하여 활동하는 기업을 '다국적 기업'이라고 한단다. 다국적 기업이란 본사는 자국에 있지만 자회사나 영업 지점, 생산 공장 등의 일부가 외국에 있는 기업을 말해. 맥도날드와 코카콜라

미국 뉴욕 타임스퀘어(왼쪽)와 영국 런던(오른쪽)의 국내 기업 광고 세계 곳곳에서 우리나라 기업들의 광고를 볼 수 있어.

가 다국적 기업의 대표라고 할 수 있지.

코카콜라는 미국 회사인데 세계 각국에 공장을 두고 있어. 미국 본사에서 코카콜라 원액을 각국의 공장으로 보내면, 현지의 공장에서 콜라 원액에 물과 탄산가스를 섞어 병이나 캔에 담는 작업이 이루어져. 우리나라에는 '한국 코카콜라'라는 코카콜라 자회사가 있어. 이 회사에서 우리나라 소비자를 대상으로 제품을 만들고 마케팅을 한단다.

예전에는 다국적 기업 대부분이 미국, 유럽의 여러 국가, 일본 등 선진국의 기업들이었어. 오늘날에는 우리나라나 중국, 인도 등의 기업이 다국적 기업으로 성장한 경우가 많아. 우리나라의 삼성전자, LG전자, 현대자동차와 같은 대기업은 물론이고, 중소기업도 세계 각지에 세운 영업 지점과 생산 공장을 바탕으로 다국적 기업으로 성장해 나가고 있어.

파키스탄 라호르의 코카콜라 옥외 광고(왼쪽)와 중국 베이징의 스타벅스(오른쪽)
다국적 기업의 활동이 늘면서 세계 어디에 가도 같은 브랜드의 음료수를 먹을 수 있는 시대가 되었어.

다국적 기업이 국가보다 힘이 세다고?

다국적 기업은 언제 생겨났을까? 미국 기업들이 세계로 눈을 돌리기 시작한 것은 제2차 세계 대전 이후야. 미국의 기업들이 유럽 시장을 확보하기 위해 유럽에 자회사를 만들어 진출하면서 다국적 기업이 생겨나기 시작했지.

이와 함께 유럽과 일본의 기업들도 다국적 기업으로 전환하기 시작했어. 예를 들면 스위스의 네슬레는 일찍이 세계 각지에 판매망을 갖추고 식품 산업에 뛰어들었어. 네슬레는 영유아식, 인스턴트커피, 분유, 초콜릿, 반려동물 식품까지 다양한 식품을 생산하는 세계적 기업이야. 우리나라에서도 네슬레의 다양한 제품이 판매되고 있어. 하지만 네슬레가 스위스 회사라는 사실을 알고 있는 사람은 많지 않을 거야.

1995년 세계 무역 기구(WTO)가 출범하면서 다국적 기업이 본격적으로 늘었단다. 이때부터 국가 간 자본과 노동 같은 생산 요소가 국경을 넘어 활발하게 오가기 시작했거든. 국제 연합에 따르면, 전 세계 다국적 기업의 수는 90만 개 정도이고, 세계 100대 다국적 기업이 전 세계 자산의 20%를 소유하고 있지.

다국적 기업의 규모는 어느 정도나 될까? 세계 최대 매출을 기록하고 있는 미국 월마트의 매출액은 터키의 국내 총생산(GDP)보다 높아. 영국의 석유 기업 쉘의 매출액은 오스트리아의 국내 총생산보다 높고, 일본의 자동차 기업 도요타의 매출액은 아일랜드의 국내 총생산보다 높지. 이렇게 다국적 기업의 매출 규모가 크다 보니 기업이 국가보다 세계 경제에 미치는 영향이 더 커지고 있다고 해도 과언이 아니야.

막대한 자본과 정보를 지닌 다국적 기업의 영향력은 세계의 사회, 문화 등의 영역까지 확산되고 있단다.

다국적 기업은 어떻게 운영될까?

싱가포르의 남쪽에 바탐 섬이 있어. 그곳에는 셔츠를 생산하는 랄프 로렌이라는 회사의 공장이 있지. 랄프 로렌은 미국 기업인데, 바탐 섬의 노동력이 저렴하기 때문에 그곳에 생산 공장을 세웠어. 현지에서 셔츠를 구입하면 셔츠 값에 유통 경비나 관세 등이 부가되지 않아 가격이 저렴하단다.

중국이나 동남아시아에는 선진국의 다국적 기업에서 세운 공장이 많아. 넓은 공장 부지와 값싼 노동력을 구할 수 있기 때문이야. 2011년 말 타이에서 대홍수가 발생했을 때 일본의 자동차 공장들이 문을 닫았어. 이유가 뭘까? 바로 타이에 일본 기업의 자동차 부품 공장이 많았기 때문이야. 타이에 있는 니산과 혼다 자동차의 부품 공장이 물에 잠기자 부품 공급이 어려워졌고, 그 영향으로 일본에 있는 자동차 조립 공장들의 생산 활동도 중단된 거야.

홍수로 인해 물에 잠긴 타이의 일본 자동차 공장

다국적 기업이라고 해서 처음부터 여러 국가에 공장을 두고 생산 활동을 시작하는 경우는 드물어. 처음에는 작은 공장에서 출발하여 성공을 거듭하면서 규모를 키워 나가는 거지. 성장 과정에서 기업의 여러 기능은 업무, 개발, 생산 등으로 나뉘어. 기업의 본사와 공장은 하는 일이 다르기 때문에 자리 잡는 곳, 곧 입지도 달라진단다.

다국적 기업의 본사는 주로 대도시 도심에 자리를 잡고 있어. 본사의 업무 특성상 교통과 통신이 발달한 도심 지역이 유리하기 때문이야. 한편 공장은 지방의 산업 단지에 자리를 잡지. 지방은 공장 부지 가격이 저렴하고, 공장에서 일할 노동력을 구하기도 쉽거든. 이후 기업이 다국적 기업으로 성장해 나가면서 영업 지점과 대리점, 생산 공장 등을 해외에 세우게 돼.

다국적 기업의 해외 진출은 지역 사회에도 영향을 끼쳐. 특히 생산 공장이 외국으로 진출하면 일자리 창출, 물가 변동 등 경제적 측면에서 진출 지역에 미치는 영향이 매우 크단다.

다국적 기업을 반기는 이유

요즘은 대학을 나와도 일자리를 구하지 못해 비정규직으로 일하는 사람이 많아. 이런 사정은 다른 나라들도 마찬가지란다. 이처럼 세계의 경제 규모는 점점 커지고 있는데 일자리가 줄고 있는 이유는 기계화와 자동화 때문이라고 볼 수 있어. 사람이 하는 일을 기계나 로봇이 대신하는 경우가 늘고 있는 거지.

이런 사정 때문에 대부분의 국가나 지방 정부는 외국 기업이 들어오는 것을 반기고 있어. 기업이 들어오면 새로운 일자리가 생겨나기 때문이야.

현대자동차는 미국 앨라배마 주에 진출했어. 현대자동차 공장 앞의 도로 '현대 블러바드'는

미국 앨라배마 주 공장의 노동자 우리나라의 현대자동차가 미국 앨라배마 주에 진출하면서 현지 고용을 늘리고 있어.

앨라배마 주 정부가 만들어 준 도로 이름이야. 현대자동차의 울산 공장보다 넓은 현지의 공장 부지 역시 앨라배마 주 정부가 공짜로 빌려 주었지.

현대자동차가 미국에 공장을 세운다고 발표했을 때, 여러 주가 서로 공장을 유치하기 위해 경쟁을 벌였어. 그 이유는 '일자리 창출' 때문이야. 일자리가 많아져야 지역 경제가 활성화되거든. 다국적 기업이 들어서면 지역 경제 활성화 이외에도 기술 이전, 지역 사회 개발, 무역 수지 개선 같은 여러 긍정적 효과가 나타나기도 해.

한편 기업들이 국내 투자를 줄이고 해외에 투자하면서 국내에서는 일자리가 부족해지는 문제가 발생하고 있지. 우리나라 기업이 해외에 투자한 액수는 2011년 기준으로 445억 달러이고, 외국 기업이 국내에 투자한 액수는 137억 달러야. 우리 기업의 해외 투자액이 외국 기업의 국내 투자액보다 많아지면서 국내의 일자리 창출이 어려워지

고 있어. 이렇게 보면 우리 기업이 다국적 기업으로 성장하는 것이 마냥 반가운 일만은 아니야.

다국적 기업의 문제점

많은 사람이 세계화의 부정적 측면에 주목하고 있어. 세계화 이후 부익부 빈익빈 현상이 심화되었거든. 세계 최대의 유통 회사인 월마트가 인도에 진출한다고 생각해 봐. 물론 소비자들은 편리할지도 몰라. 하지만 인도에서 월마트가 늘수록 현지 중소 상인들이 설 곳은 점점 줄어들게 돼. 거대한 자본을 지닌 월마트와 경쟁하면 가게 문을 닫을 수밖에 없겠지. 결국 월마트는 인도의 중소 상인들에게 고통을 주는 기업이 될 수도 있단다.

다국적 기업의 폐해와 관련된 상징적인 사건이 있어. 라틴 아메리카에 위치한 볼리비아의 코차밤바에서 일어난 일이야. 볼리비아 정부는 국제 통화 기금(IMF)으로부터 자금을 융통받는 과정에서 공기업의 민영화를 약속했고, 코차밤바의 상하수도 시설을 민간 기업에 매각하기로 했어. 여기에 아구아스 델 투나리라는 회사가 참가했지. 이 회사는 미국계 다국적 기업인 벡텔의 자회사였단다.

벡텔은 코차밤바에 수돗물을 독점적으로 공급하면서 현지 주민들이 우물을 파는 것은 물론, 빗물을 받아서 사용하는 것도 금지했어. 산지의 눈 녹은 물을 사용하던 주민들은 벡텔이 들어오면서 비싼 수돗물을 이용할 수밖에 없었어. 벡텔은 수돗물 값을 올려 놓고도 하수

코차밤바 사람들의 물을 둘러싼 시위 미국의 다국적 기업이 코차밤바 지역의 상수도를 독점하고 물값을 올리자, 주민들은 크게 반발했어. 결국 미국의 다국적 기업이 물러서게 되었지.

처리 시설은 설치하지 않아서 강을 오염시키지까지 했지. 주민들은 더 이상 참지 못했어. 특히 볼리비아 땅에 내린 눈과 비로 만들어진 물까지 마음대로 사용하지 못한다는 사실에 분노했어. 정부와 벡텔에 항의하는 시위는 걷잡을 수 없을 정도로 확산되었지. 결국 정부와 벡텔은 주민들의 거센 항의에 무릎을 꿇었고, 물에 대한 권리는 볼리비아 주민들에게 돌아가게 되었단다.

스마트폰 뒤에 숨겨진 노동자들의 죽음

1976년, 스티브 잡스가 애플 컴퓨터를 세상에 내놓았어. '애플(Apple)'은 아이작 뉴턴의 사과를 의미해. 개인용 컴퓨터의 개발이 떨어지는 사과에서 발견한 만유인력만큼이나 인류에 큰 영향을 미칠 것이라는 뜻이 담겨 있지.

스티브 잡스는 애플 컴퓨터를 만든 지 30년이 되던 2006년, 아이폰을 세상에 내놓았어. 아이폰 출시를 시작으로 스마트폰 세상이 열렸지. 아이폰과 아이패드로 애플 사는 세계 최고의 기업이 되었어. 기업을 최고의 위치에 올려놓은 스티브 잡스는 2011년 가을, 뜨거운 생애를 뒤로하고 세상을 떠났단다.

중국 광저우 성의 산업 도시 선전에는 타이완계 다국적 기업 폭스콘이 운영하는 대규모 공장이 있어. 이곳에서 일하는 노동자는 무려 30만 명이나 돼. 아이폰과 아이패드는 스티브 잡스의 머릿속에서 나왔지만, 그 제품을 실제로 만든 건 폭스콘의 노동자들이야.

그런데 2009년 폭스콘 공장에서 노동자가 투신하는 사건이 일어났어. 스티브 잡스가 생을 마친 2011년에는 1월부터 5월까지 10명이 넘는 노동자가 스스로 목숨을 끊었어. 하지만 세상은 이들의 죽음에 담긴 진실을 외면했지.

폭스콘의 노동자들은 이른 아침부터 저녁 늦게까지 일해. 노동 조건도 매우 열악하지. 공장에 출근한 순간부터 휴대전화를 쓸 수 없고, 음악도 들을 수 없어. 옆 사람과의 대화는 꿈도 꿀 수 없고 오로지 손만 움직여야 해. 그렇게 하루에 12시간, 주당 100시간 이상의 중노동에 시달리지. 점심시간은 불과 30분이라고 해. 늘 CCTV를 통해 감시받고, 엄격한 규율 속에서 생활하지. 이와 같이 열악한 노동 환경을 견디지 못한 폭스콘의 꽃다운 청춘들이 목숨을 버리고 말았단다.

　스티브 잡스는 중국 노동자들의 죽음을 알고 있었지만, 폭스콘의 생산 환경에는 문제가 없다고 말했어. 그는 단 한 번도 중국에 있는 폭스콘 공장에 가 보지 않았다고 해. 물론 중국 노동자들의 죽음이 스티브 잡스 때문만이라고는 할 수 없지만, 세계인을 사로잡고 있는 스마트폰의 이면에 노동자들의 피와 땀이 스며 있다는 사실을 기억했으면 해.

폭스콘 노동자들의 시위　2012년 중국의 폭스콘 공장에서 대규모 시위가 일어났어. 노동 조건 개선을 요구하는 수천 명의 노동자들이 한자리에 모였지.

우리의 밥상은 어디서 올까?

세계화와 농업의 변화

어제 먹은 저녁 밥상을 떠올려 보자. 김치, 해물탕, 전, 생선 구이, 두부조림, 갈비찜, 시금치 된장국 등등. 이 음식들은 우리나라에서 생산된 재료로 만든 걸까? 음식의 재료를 들여다보면 꼭 그렇지 않다는 사실을 알게 될 거야.

해물탕에 들어간 바지락과 고춧가루는 중국산, 새우는 타이산, 소금은 오스트레일리아산이야. 해물탕 재료 가운데 국산은 꽃게와 대파 그리고 미나리뿐이야. 동태전은 어떨까? 동태는 러시아산이고, 밀가루는 미국산이야. 그리고 식용유는 중국산 콩으로 만든 거지. 갈비찜에 쓰인 소갈비도 오스트레일리아산이란다.

밥상에 있는 다른 음식도 수입한 재료로 만든 것이 많을 거야. 우리나라에서 난 재료만으로 만든 음식은 쌀밥뿐일지도 몰라. 밥을 맛있게 먹고 난 다음 후식으로는 뉴질랜드산 키위와 일본산 방울토마토, 필리핀산 파인애플을 먹기도 하지.

농산물 수입이 중지된다면, 우리는 밥상을 차릴 수 없게 될지도 몰라. 요즘엔 김치를 만들 때도 중국산 절임 배추를 사용하고, 된장도 중국산 콩으로 만들 정도니 말이야. 2010년 기준으로 우리나라의 식량 자급률은 26%에 불과해. 우리 밥상의 4분의 3 정도를 다른 나라에 의존하고 있는 거지.

　　'신토불이(身土不二)'라는 말을 들어 봤니? 몸과 땅은 하나라는 말이야. 우리 땅에서 생산된 것이 우리 몸에 좋다는 뜻이 담겨 있지. 하지만 신토불이 정신에 맞춰 살아간다면 우리나라 국민 4명 중 3명은 굶어 죽을걸. 우리의 밥상, 나아가 우리의 농업이 얼마나 위협받고 있는지 이제 알겠지?

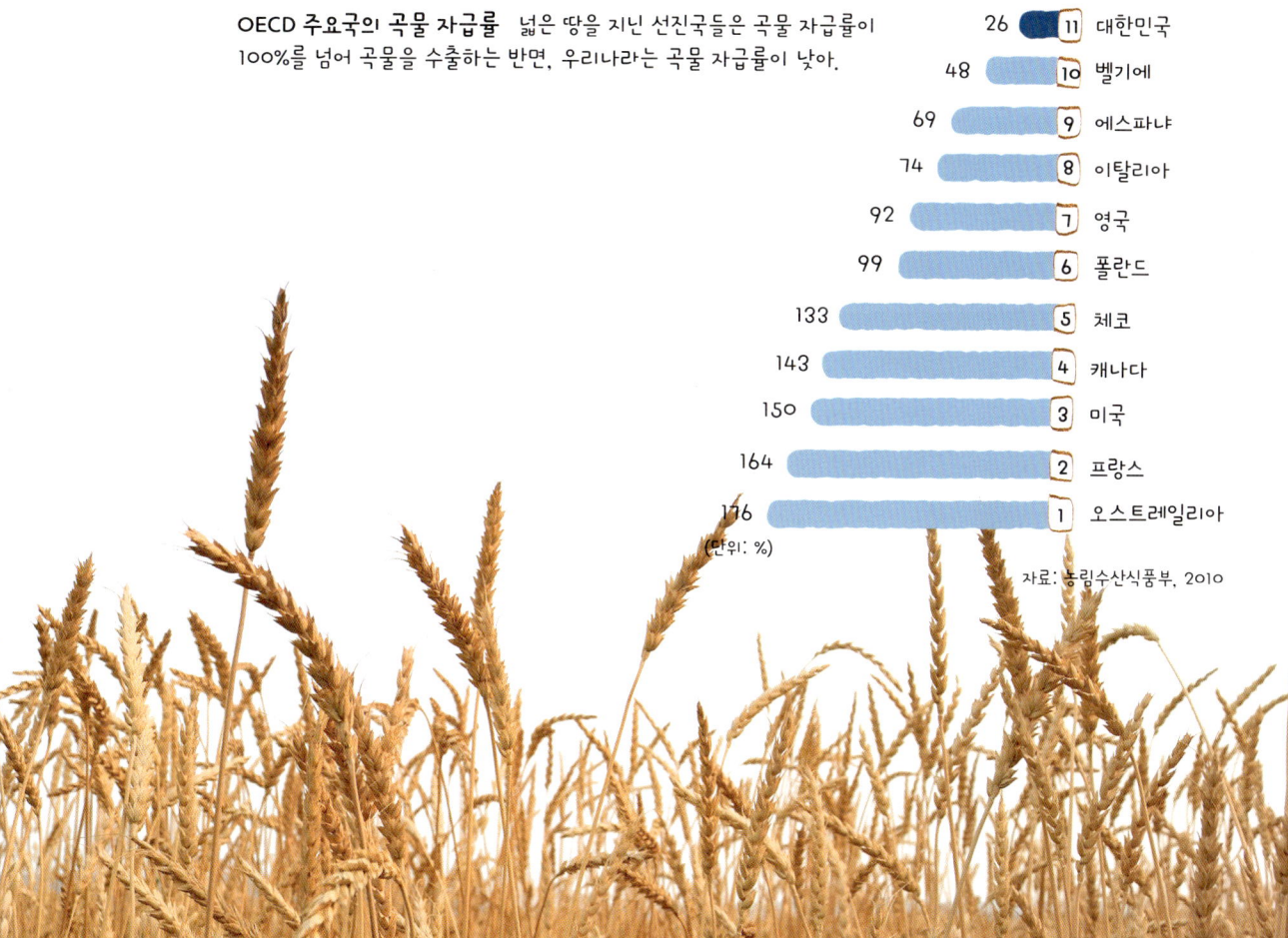

OECD 주요국의 곡물 자급률 넓은 땅을 지닌 선진국들은 곡물 자급률이 100%를 넘어 곡물을 수출하는 반면, 우리나라는 곡물 자급률이 낮아.

순위	국가	자급률(%)
11	대한민국	26
10	벨기에	48
9	에스파냐	69
8	이탈리아	74
7	영국	92
6	폴란드	99
5	체코	133
4	캐나다	143
3	미국	150
2	프랑스	164
1	오스트레일리아	176

자료: 농림수산식품부, 2010

세계 곡물 시장을 지배하는 다국적 기업

아빠의 어린 시절과 비교하면 우리 밥상은 매우 풍족해졌어. 잔칫날이 아니어도 고기와 생선을 먹고, 사시사철 다양한 채소와 과일을 먹을 수 있지. 때때로 캐비아나 킹크랩 같은 낯선 외국산 음식을 먹고, 취향에 따라 커피와 코코아 같은 음료도 즐기지. 이렇게 우리의 식문화는 풍부해졌지만, 선진국의 농업 관련 다국적 기업의 손길이 크게 미치면서 우리 농민들의 삶은 힘겨워지고 있어.

우리나라만 그런 사정에 처한 것은 아니야. 몇 안 되는 곡물 메이저들이 세계인의 밥상을 장악해 나가고 있단다. 곡물 메이저란 세계 곡물 시장을 주무르는 다국적 기업을 말해. 주요 곡물 메이저는 카길(미국), 벙기(브라질), 아처 대니얼스 미들랜드(ADM, 미국), 루이 드레퓌스(LDC, 프랑스), 앙드레(스위스) 등

기타 20
카길 40
앙드레 5
벙기 7
LDC 12
ADM 16
단위: %
자료: 한국농촌경제연구원, 2009

세계 곡물 시장의 80%를 장악한 5대 곡물 메이저
곡물을 주로 취급하는 다국적 기업을 곡물 메이저라고 해. 세계 농업에서 곡물 메이저의 영향력은 점점 커지고 있어.

이야. 이들이 세계 곡물 시장의 80%를 장악하고 있어.

곡물 메이저는 종자 산업까지 영역을 확장하고 있을 뿐 아니라 농약, 살충제, 가공 식품, 생명 공학에도 관여하고 있지. 수입 식량의 비율이 약 74%인 우리나라도 이들 기업에 대한 의존도가 매우 높아. 밀은 전체 수입량의 60% 이상, 옥수수는 87% 이상을 의존하고 있단다.

세계의 곡물 메이저는 자기들이 세계를 먹여 살리고 있다고 주장해. 하지만 그 내막을 들여다보면 그들의 주장이 사실과 다르다는 것을 알 수 있어. 곡물 메이저는 인공위성을 이용해 세계의 곡물 생산량을 예측하고, 자회사를 통해 세계 각지의 정보를 수집한 뒤, 곡물 사재기 등의 방법으로 큰 이익을 올리고 있지.

남아도는 식량, 굶주리는 아프리카

세계에는 이해할 수 없는 일이 많이 벌어지고 있어. 그중 하나는 농업 인구가 많은 아프리카 국가의 주민들이 굶주리고 있다는 사실이야. 인구의 50% 이상이 농업에 종사하는 아프리카의 개발 도상국은 식량이 부족하여 식량을 수입하고 있어. 반면, 전체 국민 중 농민의 비중이 2% 정도밖에 되지 않는 미국은 세계적인 식량 수출국 역할을 하고 있지. 왜 이런 일이 벌어지는 걸까?

미국은 농산물을 대량으로 생산하고 있어. 미국 동북부 지역의 옥수수 농장과 중부 지역의 드넓은 밀 농장은 그 면적이 우리나라의 몇 배나 된단다. 미국은 농경지가 넓은 반면 인력은 부족하기 때문에 농

미국의 농사 풍경 선진국의 곡물 농업은 농기계를 사용하여 특정 곡물을 대량으로 생산하는 형태로 이루어지고 있어. 석유 소모가 많은 농업이지.

업용 경비행기로 씨앗과 농약, 비료를 뿌리고 트랙터로 농작물을 수확해. 기계와 돈, 석유 등에 의존해서 농사를 짓고 있는 셈이지.

대량으로 농작물을 생산하는 미국의 농업 방식은 국토가 넓고 농업 자본이 풍부하면서 인구 밀도가 낮은 캐나다, 오스트레일리아, 아르헨티나 등지로 전파되었어. 이들 국가는 대량 생산으로 세계 곡물 시장을 장악했을 뿐 아니라, 세계 육류 시장에 대한 지배력도 확대해 나가고 있어. 그 중심에 곡물 메이저가 있지.

아프리카 개발 도상국의 사정은 어떨까? 아프리카 역시 곡물 메이저의 영향을 크게 받고 있어. 다국적 기업은 아프리카인들이 옥수수, 카사바 등을 경작하던 땅을 사들인 뒤 바나나, 커피, 면화 같은 상품 작물을 재배하는 땅으로 바꾸어 놓고 있어.

상품 작물은 개발 도상국에서 소비되지 않고 선진국으로 수출돼. 바나나는 선진국 사람들의 간식이 되고, 면화는 선진국 사람들의 옷을 만드는 데 사용되지. 개발 도상국의 농업 생산력은 점점 커지고 있지만 식량 생산량은 줄어들고 있어.

다음 지도는 2008년에 세계 곳곳에서 발생한 곡물 가격 상승이 세계 경제에 미친 영향을 보여 주고 있어. 지도에서 파란색으로 표시된 곳은 곡물 가격 상승으로 이익을 본 나라이고, 빨간색으로 표시된 곳은 손해를 본 나라야. 아프리카와 아시아가 붉게 물든 것을 보니 이 지역의 국가들이 외국산 곡물에 많이 의존한다는 사실을 알 수 있어.

2008년 이후 세계의 곡물 가격은 안정되고 있지만, 곡물 생산량이 줄어든 상태에서 언제 다시 곡물 가격이 오를지 알 수 없어. 곡물 가격이 상승하면 개발 도상국의 주민들은 다시 고통받을 수밖에 없단다.

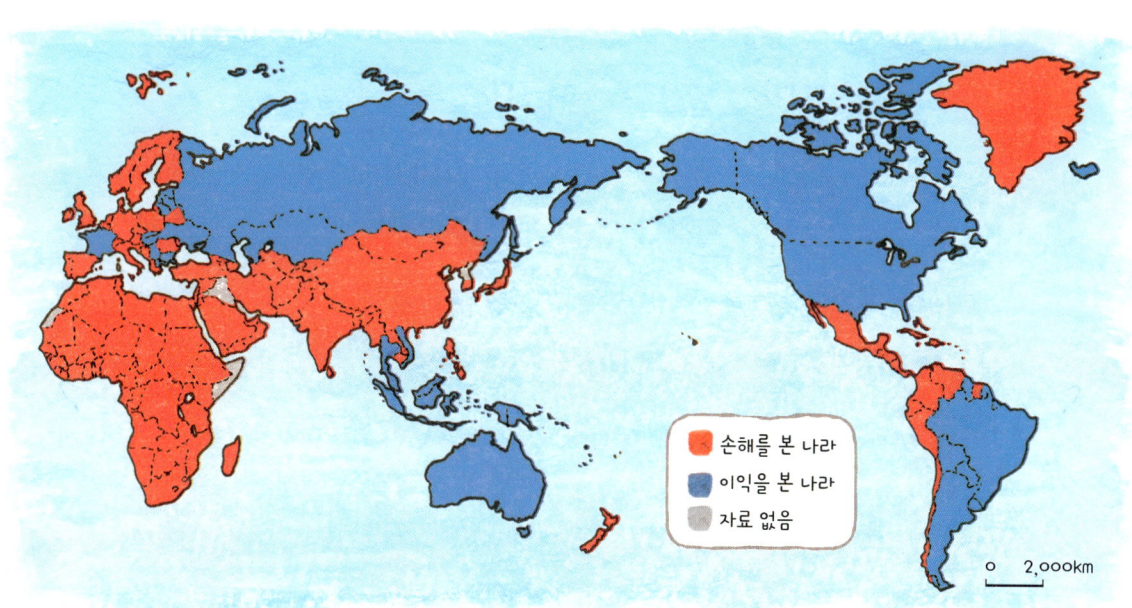

곡물 가격 폭등 곡물 가격의 폭등으로 곡물을 수출하는 선진국은 경제적으로 이익을 얻었고, 곡물을 수입하는 개발 도상국은 경제가 어려워졌어.

쌀 수입국으로 전락한 필리핀

농업의 기업화는 세계의 농업 생산 구조를 바꾸어 놓고 있어. 미국과 오스트레일리아 등 곡물과 육류를 수출하는 나라의 기업농들은 밀과 옥수수를 대규모로 재배하고 소를 사육하는데, 이로 인해 자국의 소규모 자영농들은 쇠퇴하고 말았지. 자기 소유의 좁은 땅에 의존하는 자영농은 기업농과의 경쟁에서 이길 수가 없었어.

세계은행과 국제 통화 기금은 어려움에 처한 나라들을 경제적으로 돕는 국제기구야. 하지만 이들 기구는 가난한 나라에 돈을 빌려 주는 대가로 시장 개방을 요구하는 경우가 적지 않아. 선진국의 입김이 크게 작용하기 때문이지.

농업 시장이 개방되면서 개발 도상국에는 값싼 곡물들이 들어왔어. 개발 도상국의 자영농들은 선진국의 기업농과 곡물 메이저에 대항할 수가 없었지. 사람들은 헐값에 땅을 팔고 도시로 떠나거나 자신이 소유했던 땅에서 월급을 받으며 농사짓는 신세가 되었단다.

필리핀은 1980년대까지 쌀을 자급했을 뿐 아니라 수출까지 했던 나라야. 하지만 농산물 시장이 개방되면서 필리핀도 쌀 수입국으로 바뀌었어. 필리핀이 쌀 수입국이 된 데는 정부의 농업 정책 실패 탓이 컸어. 필리핀 정부는 자국에서 쌀을 생산하지 않아도 타이나 베트남의 쌀을 값싸게 들여오면 된다고 생각했어. 그래서 쌀농사를 짓던 땅을 바나나 농장으로 바꾸었단다.

우리나라에서 판매되는 바나나는 대부분 필리핀산이야. 바나나는 우리나라에서 가장 값이 싼 과일에 속해. 외국산 과일이, 그것도 먼

곳에서 배에 실어 오는 열대 과일이 우리나라에서 생산된 과일보다 싼 이유가 궁금하지 않니? 그것은 바나나가 전 세계적으로 지나치게 많이 생산되고 있기 때문이란다.

필리핀에 바나나 농장을 늘린 것은 외국계 기업농과 다국적 기업이야. 그들이 쌀농사를 포기한 필리핀 농민들의 땅을 사들여 바나나 농장으로 바꾼 거지. 바나나 농장에서 필리핀 농민들은 하늘에서 비처럼 내리는 농약을 뒤집어쓰며 고되게 일하지만, 하루 종일 일한 대가는 우리나라 돈으로 겨우 5,000원 정도야.

바나나는 세계적으로 초과 생산이 이루어지면서 국제 가격이 오르지 않고 있어. 필리핀 농민들의 임금 역시 제자리에 머물러 있지. 심지어 2008년에는 국제 곡물 가격까지 상승해서 필리핀은 매우 심각한 식량

필리핀의 쌀 부족 시위 대표적인 쌀 수출국이던 필리핀은 쌀농사를 포기하는 농민이 늘어나고 국제 쌀 가격이 상승하면서 식량난에 부딪혔어.

위기를 맞았어. 이상 기후 탓에 세계의 곡물 생산량이 줄어들었는데, 이 정보를 얻은 세계의 투자 회사들이 곡물 투기에 나서면서 빚어진 일이지. 필리핀 사람들은 쌀을 구하지 못하게 되자 시위를 벌였어. 필리핀 농민들이 벼농사를 포기한 탓에 사람들이 굶주리게 되었어. 하지만 모든 것을 되돌려 놓기엔 시간이 많이 흘러 버렸단다.

농업의 세계화로 달라지는 세계의 입맛

아빠가 어릴 때 할아버지와 할머니께서는 국수 가게를 하셨단다. 국수를 기계로 뽑아서 파는 가게였지. 기계에서 국수가 나오는 모습도, 뽑은 국수를 막대기에 걸어서 말리는 광경도 신기했어. 국수 말리는 모습을 볼 때면 늘 마음이 풍족했던 기억이 나.

그 시절 정부는 혼분식 장려 운동을 펼쳤어. 쌀 부족 문제를 해결하기 위해 쌀과 보리를 섞어서 먹거나 밀가루 음식을 먹자는 운동이었지. 그래서 늘 하루 한 끼는 밀가루 음식을 먹었단다. 하루는 수제비, 또 하루는 국수를 먹는 식으로 말이야. 학교를 다니면서부터는 쌀과 보리를 섞어 지은 밥으로 도시락을 쌌지.

원래 우리나라에서도 밀을 생산했지만, 밀보다는 보리나 메밀 등의 생산이 더 많았어. 우리나라에서 밀가루가 흔해진 것은 6.25 전쟁이 끝난 뒤 미국이 밀가루 원조를 시작한 이후부터야. 자기네 나라의 남는 농산물을 가난한 나라들에 나눠 준 거지.

이렇게 미국에서 들여온 밀가루로 국수와 수제비를 먹게 되었고,

혼분식 장려 운동 과거 쌀 생산량이 부족하던 시절, 부족한 쌀을 대체하기 위해 미국산 밀가루를 소비하려는 혼분식 장려 운동이 펼쳐졌어.

우리 입맛이 밀에 익숙해지면서 라면과 과자 등의 생산도 활발해졌어. 한편 생활수준이 향상되면서 육류와 달걀의 소비도 늘었어. 우리의 입맛이 점차 서구화된 거야.

빵과 라면, 과자 등을 많이 먹으면서부터 우리나라의 밀 수입량은 매우 빠르게 증가한 반면, 쌀 소비량은 감소했지. 육류와 달걀의 소비가 늘면서 미국산 옥수수의 수입도 급증했어. 옥수수를 가축 사료로 사용하기 때문이야. 이제 미국산 밀과 옥수수가 없으면 우리 밥상은 커다란 타격을 입게 된단다.

아프리카 사람들의 주식도 달라지고 있어. 아프리카에서는 카사바나 얌 같은 뿌리 식물을 주로 먹는다고 생각하지만, 그건 오해야. 열대 우림 지역에 사는 사람들은 카사바 등을 주로 먹고, 그 밖의 지역에 사는 사람들은 옥수수와 기장을 주로 먹는단다. 농업이 세계화하고 기업화하면서 아프리카 사람들의 입맛도 변한 거지. 이 때문에 개발도상국의 곡물 자급률이 눈에 띄게 낮아지고 있어.

우리나라 곡물별 자급률 우리나라는 쌀을 제외한 주요 곡물을 수입에 의존하고 있어. 특히 밀, 옥수수, 콩의 수입 의존도가 높아. 쌀의 자급률도 최근 80%대에 머물고 있어.

곡물 가격이 오르면 물가가 솟구쳐

2008년 세계 곡물 가격이 폭등했다고 말했지? 곡물 가격이 오른 원인은 생산이 줄고 소비는 늘었기 때문이지만, 국제 투기 자본의 영향 탓이기도 해. 자동차 가격이 오르면 차 구입을 미루면 되고, 미용실 요금이 오르면 미용실에 덜 가면 되지만, 곡물 가격이 오르면 사람들은 큰 영향을 받을 수밖에 없어. 가격이 싸든 비싸든 곡물은 매일 먹어야 하니까 말이야.

'애그플레이션'이란 용어는 농업을 뜻하는 '애그리컬처(agriculture)'와 상승을 뜻하는 '인플레이션(inflation)'이 합쳐진 말이야. 농산물 공급량이 줄면서 가격이 오르고, 그에 따라 물가가 상승하는 현상이 바로 애그플레이션이지. 2008년 곡물 가격이 오른 이후 세계 모든 지역의 물가가 상승했는데, 특히 우리나라 같은 곡물 수입 국가는 큰 타격을 입었어.

애그플레이션이 발생한 원인 중 하나는 중국과 인도의 경제 성장이야. 중국과 인도에서 중산층이 많아지면서 곡물과 육류의 수요가 늘었고, 그에 따라 세계 농산물 가격이 오르기 시작한 거지. 게다가 석유 가격이 오르면서 곡물 가격 또한 올랐어. 오늘날 농업이 농기계에 의존하고 외국에서 생산된 농산품을 선박으로 운송하면서, 석유를 많이 소비하기 때문이야.

애그플레이션의 영향은 곡물 가격 상승으로만 끝나지 않아. 곡물 가격과 음식료 가격이 상승하면 전체적인 물가 상승을 가져오지. 게다가 가난한 사람들은 수입이 그대로인 상태에서 물가가 오르면 생활에 큰 타격을 받게 돼. 사람들의 경제적 고통이 점점 심해지는 거지.

애그플레이션 곡물 가격이 상승하면 물가가 전체적으로 상승하는데, 이를 애그플레이션이라고 불러. 애그플레이션의 영향은 곡물 자급률이 낮은 국가에서 더 심각하게 나타나.

 # 물 발자국을 줄여 주세요

 커피 한 잔을 만드는 데 물이 얼마나 사용되는지 아니?

그야 한 잔만큼의 물이면 충분하지 않을까요?

물론 커피 한 잔을 끓이는 데 필요한 물은 그 정도로 충분할 거야. 하지만 커피나무를 심고 그 나무를 기르는 데 필요한 물과, 커피를 수입하고 커피 잔을 만드는 데 사용되는 물을 모두 더하면 약 140L나 된단다. 작은 생수병 약 280개 정도의 물이 쓰이는 거지.

저는 세수하고, 목욕하고, 화장실을 이용할 때, 그리고 마실 때만 물을 사용하는 줄 알았어요.

어떤 제품이나 서비스가 생산되는 과정에서 직접 또는 간접적으로 사용되는 물의 총량을 '물 발자국'이라고 해. 유네스코의 물 환경 교육기관(IHE)에 따르면, 쌀 1kg을 생산하는 데 3,400L, 닭고기 1kg을 생산하는 데는 3,900L의

물 발자국 (단위: L)	650 보리(500g)	650 밀(500g)	90 차(750mL)	2,500 수수(500g)
	2,500 치즈(500g)	840 커피(750mL)	2,500 햄버거(150g)	4,650 소고기(300g)	1,000 우유(1L)

농축산물과 가공식품의 물 발자국 제품 생산에 들어간 물의 총량을 물 발자국이라고 해. 육식보다 채식을 하는 것이 물 발자국을 줄이는 데 도움이 된단다.

물이 필요하지. 물론 공산품을 생산하는 데도 물이 많이 쓰여. 종이 한 장을 만드는 데 10L, 티셔츠 한 장에 2,700L, 구두 한 켤레를 만드는 데는 1만 6,600L의 물이 쓰인다고 해.

우리가 생활하며 먹는 것, 사용하는 물건들을 만들려면 엄청나게 많은 양의 물이 필요하겠네요.

물품을 생산하는 데 사용되는 가상의 물의 양을 '가상수'라고 하는데, 우리나라는 세계에서 가상수를 다섯 번째로 많이 수입하는 나라야. 우리가 수입 제품을 소비하면 다른 나라의 물을 쓰는 셈인 거지.

그렇다면 물건을 아껴 쓰는 게 물을 아끼고 환경을 보호할 수 있는 길이겠네요!

물 부족으로 메마른 땅과 고통받는 사람들

울퉁불퉁한 세계 경제

경제 공간의 불평등

세계에서 가장 큰 부자는 누구일까? 마이크로소프트 사의 빌 게이츠가 1위였는데, 최근 멕시코의 통신 재벌 카를로스 슬림이 빌 게이츠를 제치고 1위를 차지했어. 미국인이 아닌 멕시코인이 세계 부자 1위라니 의외지? 그의 재산은 약 730억 달러라고 해. 우리나라 최고 갑부인 삼성그룹 이건희 회장의 재산이 130억 달러라고 하니, 카를로스가 얼마나 큰 부자인지 짐작이 가지?

카를로스 슬림의 재산을 세계 각국의 경제와 비교해 볼까? 국가별 국내 총생산을 기준으로 할 때 카를로스 슬림의 재산은 세계 66위인 아제르바이잔보다 많아. 카를로스 슬림보다 국내 총생산이 많은 나라는 65개 나라밖에 안 된다는 이야기지. 개인의 재산이 한 나라의 국내 총생산보다 많다니 어마어마하지.

1992년 유엔 개발 계획(UNDP)에서 낸 보고서는 세계의 불평등을 여실히 보여 주고 있어. 세계인이 지닌 전체 부(富)를 계층별로 나누어 보니 받침 없는 포도주 잔 모양이 되었어. 그래프를 보면 상위 20%의 사람들이 세계 전체 부의 82.7%를 차지하고, 하위 60%의 사람들은 불과 5.6%를 차지하고 있다는 사실을 알 수 있지. 포도주 잔의 윗부분이 너무 큰 것이 문제란다.

20여 년이 지난 지금, 부의 불균형은 과거보다 심화되었어. 세계은행에 따르면, 상위 0.5%의 인구가 세계 전체 부의 35.6% 정도를 차지하고 있지. 조금 과장된 이야기이긴 하지만, 상위 1%가 세계 부의 99%를 차지한다는 말이 있을 정도야.

네가 1부터 6까지 여섯을 세는 동안 세계의 어린이 가운데 1명이 굶어 죽고 있어. 2012년 파키스탄의 어느 마을에서는 열세 살의 어린 소년이 교복 살 돈이 없어 자기 몸에 불을 질렀다고 해. 우리나라에도 아침밥을 못 먹거나 부모님의 보살핌을 받지 못하는 아이가 많단다.

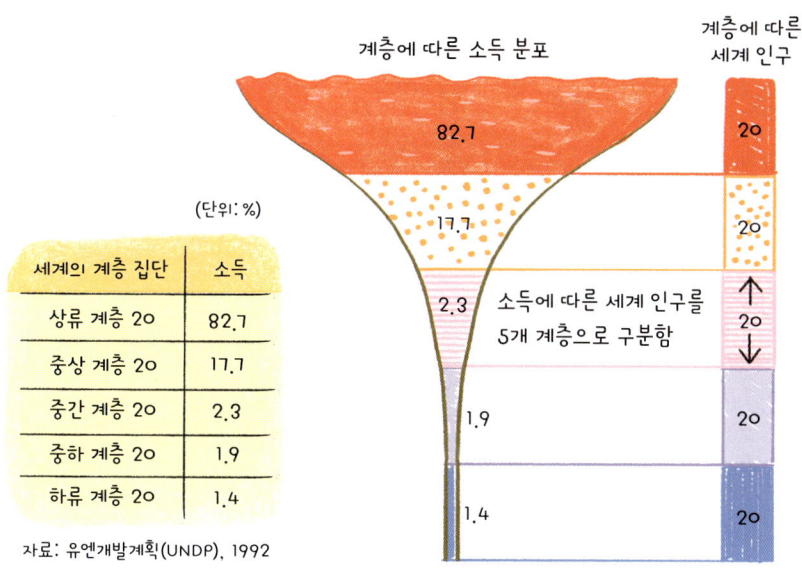

세계적인 부의 불평등 세계의 부는 몇몇에 집중되어 있고, 그런 경향은 점점 더 심해지고 있어. 그 모습이 받침 없는 포도주 잔을 닮았어.

잘사는 나라, 못사는 나라

잘사는 것과 못사는 것은 경제에 관한 문제만은 아니야. 잘사는 나라는 경제적으로 풍족할 뿐 아니라 학교, 병원, 도서관 등 삶의 질을 높여 주는 서비스를 잘 갖추고 있어. 유엔 개발 계획은 해마다 소득 수준, 교육 수준, 평균 수명 등을 종합한 수치인 인간 개발 지수(HDI)를 발표하고 있어. 유럽, 앵글로아메리카, 일본, 우리나라 등은 인간 개발 지수가 높은 반면, 중남부 아프리카 등지는 매우 낮게 나타나. 그만큼 국가 및 지역 간 생활수준 차이가 크다는 거지.

특히 부유한 나라와 가난한 나라의 교육 수준 차이는 무척 커. 글을 읽고 쓸 줄 모르는 사람을 '문맹자'라고 하는데, 2010년 기준으로 세계인의 문맹률은 약 16%야. 대부분 학교 문턱에도 가 보지 못한 사람들이지.

자료: 유엔개발계획, 2010

0.85~1(매우 높음)
0.70~0.85(높음)
0.55~0.70(중간)
0.40~0.55(낮음)
0~0.40(매우 낮음)
자료 없음

국가별 인간 개발 지수 국가별 인간 개발 지수의 차이는 매우 크지. 아이가 어느 나라에 태어나느냐에 따라 운명이 크게 갈라지게 되는 거야.

복지 국가의 교실 환경(왼쪽)과 아프리카의 교실 환경(오른쪽) 선진국과 개발 도상국의 교육 환경은 차이가 너무 커서 세계의 사회적·경제적 격차도 더욱 커지지 않을까 우려돼.

우리나라에서는 어린이가 학교에 다니는 것을 당연하게 여기지만, 세계 곳곳에는 어린이가 학교 가는 일이 쉽지 않은 나라도 있어. 의무 교육 제도를 갖춘 선진국과 달리 개발 도상국에는 교육 혜택을 받을 수 없는 친구가 많아. 어떤 친구에게는 학비가 너무 비싸고, 다른 친구에게는 학교가 너무 멀어. 돈을 벌거나 집안일을 해야 하기 때문에 학교에 다니지 못하는 친구도 있지.

교육은 미래 사회를 짊어질 인재를 기르는 일이야. 그래서 개발 도상국의 낮은 교육 수준은 국가의 미래를 설계하는 데 커다란 장애물이 된단다. 또한 교육이 제대로 이루어지지 않으면 개개인의 삶의 수준을 향상시키기가 어려워.

세계의 의료 불평등도 매우 심각한 수준이야. 선진국은 대부분 사회 보장 제도를 잘 갖추고 있고, 국가가 관리하는 의료 보험이 있어서 국민들은 의료비의 많은 부분을 지원받을 수 있어. 반면 개발 도상국의 경우 부유층은 민간 보험을 이용해 질병에 대비하지만, 가난한 사람들은 보험에 가입하기 힘들어 아파도 제대로 치료를 받지 못해. 그래서 선진국에 비해 유아 사망률이 높고, 출생아의 평균 기대 수명 또한 매우 낮을 수밖에 없어.

무역이 경제적 불평등을 가져와

에티오피아는 가난한 나라이고, 독일은 부자 나라야. 에티오피아의 수출 상품을 보면 커피가 가장 많은 비율을 차지하고, 참깨와 식물성 원료, 금, 채소 등이 주를 이뤄. 수출 상품의 대부분이 농산품이고, 금과 같은 광물 자원을 수출하기도 하지. 독일은 주로 일반 기계, 자동차, 전기 기계, 의약품, 정밀 기계 등 공업 제품을 수출해. 특히 부가 가치가 높은 중화학 공업 제품과 첨단 산업 제품을 주로 수출하지.

에티오피아와 독일의 인구 규모는 비슷해. 하지만 독일의 총 수출액이 에티오피아의 총 수출액보다 548배 정도나 많아. 이는 독일의 수출 상품이 에티오피아의 수출 상품보다 비싼 가격에 팔리기 때문이야.

산업이 발달한 선진국은 기계와 같은 공산품을 주로 수출하고, 산업이 발달하지 못한

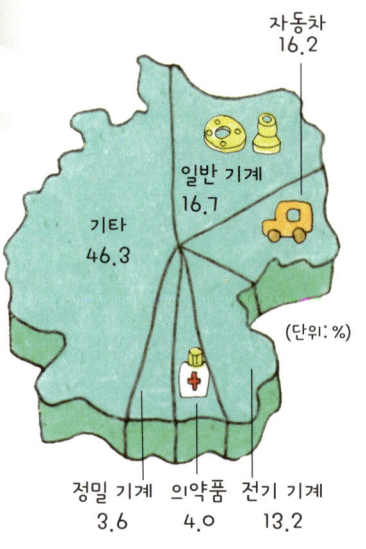

2010년 독일의 수출 상품 구성
독일 같은 선진국은 부가 가치가 높은 상품을 주로 수출해.

자동차 16.2
일반 기계 16.7
기타 46.3
정밀 기계 3.6
의약품 4.0
전기 기계 13.2
(단위: %)

개발 도상국은 커피 같은 농산품을 주로 수출하지. 농산품은 저렴하고 공산품은 비싸기 때문에 무역량이 많아질수록 선진국과 개발 도상국의 경제적 격차는 커지고 있어. 집채만큼 많은 양의 커피 원두를 팔아도, 선진국에서 생산하는 자동차 한 대를 살 수 없는 거지.

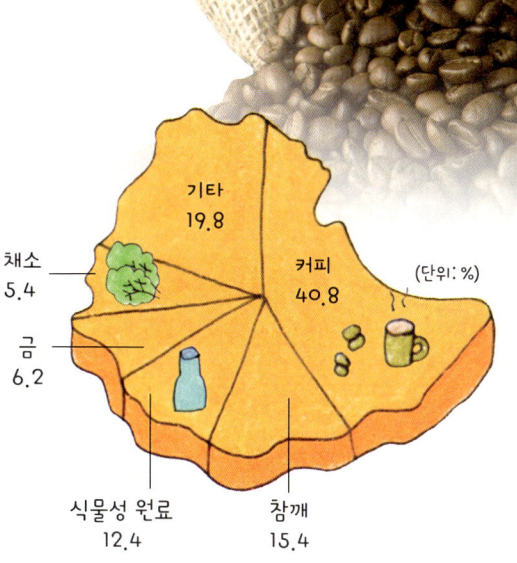

2010년 에티오피아의 수출 상품 구성
에티오피아 같은 개발 도상국은 부가 가치가 낮은 농산물이나 광산물을 주로 수출해.

커피 한 잔 속의 불평등

커피는 어떻게 만들까? 커피나무에는 붉은색 열매가 달리는데, 그 모습이 체리를 닮아서 '커피 체리'라고 불려. 그 열매 안에 들어 있는 콩을 볶아서 원두를 만들지. 커피나무는 대부분 열대 지역에서 자라. 과거에는 커피나무가 '달러 나무'라고 불릴 정도로 원두 가격이 비쌌어.

하지만 오늘날 원두 생산국은 커다란 이윤을 남기지 못해. 한 잔에 3,000원 하는 커피가 있다고 해 보자. 3,000원 중에서 원두를 구입하는 데 들어가는 돈, 곧 원두 생산국에 지불되는 돈은 350원 정도에 불과해. 나머지는 모두 커피 소비국 사람들에게 돌아가지. 한 잔당 대략 인건비가 1,700원, 컵과 뚜껑이 200원, 우유가 300원을 차지하고, 커피를 팔아서 얻는 이익이 450원이야.

커피 농장에서 일하는 노동자들의 경제적 형편은 어떨까? 에티오피아의 경우 약 1,500만 명의 노동자가 커피 농장에서 일해. 노동자 한 명이 하루에 45kg의 커피를 수확하고 받는 돈은 1달러도 채 되지 않아. 하루 종일 고된 일을 하고 1,000원 남짓한 돈을 받는 거지. 라틴 아메리카 노동자들의 사정은 에티오피아보다야 낫지만, 임금 수준이 낮기는 마찬가지야. 이렇게 커피 농장에서 일하는 사람들은 하루 종일 땀 흘려 일해도 선진국 사람들이 마시는 아이스커피 한 잔 값을 벌기가 어렵단다.

케냐 커피 농장의 노동자들 커피 농장에서 일하는 사람들은 고된 노동을 하지만, 그에 합당한 보수나 대우는 받지 못하고 있어.

아름다운 거래, 공정 무역

초콜릿도 우리 손에 들어오기까지 여러 과정을 거치지. 코트디부아르, 가나 등에서 수확한 카카오 열매를 발효, 건조, 으깨기 등의 과정을 거쳐 우리나라에 들여와. 거기에 감미료를 섞어 먹기 좋게 가공한 것이 달콤한 초콜릿이란다.

세계의 초콜릿 판매량은 지속적으로 늘고 있어. 초콜릿 회사들은 돈을 많이 벌고 있지. 하지만 열대의 태양 아래에서 힘겹게 일하는 사람들은 여전히 가난에 허덕이고 있어. 우리가 사 먹는 초콜릿 속에는 카카오 농장에서 일하는 사람들의 힘겨운 삶이 담겨 있어. 약 25만 명의 어린이 노동자들이 카카오 농장에서 혹사를 당하고 있단다. 그 아이들의 생활을 알게 되면 초콜릿의 맛이 달콤하지만은 않을 거야.

'착한 초콜릿'에 대해 들어 본 적 있니? 착한 초콜릿은 가난한 농민들이 가족 노동력을 이용하여 생산한 카카오를 적정한 가격으로 구입해서 만든 초콜릿이야. 플랜테이션 농장에서 생산된 카카오는 사용하지 않지. 착한 초콜릿을 먹으면 개발 도상국 농민들에게 경제적 도움을 줄 수 있단다.

개발 도상국에서 생산된 제품을 제값을 주고 구입하여 그곳 주민들의 삶을 지원하는 무역을 '공정 무역'이라고 해. 무역량이 늘수록 국가 및 지역 간 불균형이 커지던 기존 무역과는 달리, 공정 무역을 통해서는 무역 당사국이나 무역에 관여하는 사람들이 모두 적정한 이익을 얻을 수 있지. 공정 무역은 무역을 통해 개발 도상국 사람들의 삶을 돌볼 수 있기 때문에 '아름다운 거래'라고도 부른단다.

학교 대신 공장에 다니는 세계의 아이들

이곳은 방글라데시의 수도 다카야. 매우 가난한 도시지. 다카의 많은 아이가 학교 대신 공장에 다닌단다.

열한 살의 여자아이 해밀라는 속옷을 만드는 회사에 다니고 있어. 해밀라는 열여덟 살이라고 거짓말을 하고 일자리를 얻었어. 물론 해밀라가 무척 어리다는 사실은 회사도 알고 있어. 알면서도 모른 척하는 거지. 이 나라에서는 해밀라처럼 어린아이가 나이를 속이고 일하는 경우가 많아.

해밀라가 일하는 공장은 꽤 규모가 크단다. 1,000명이 넘는 여자아이가 일하는데, 수백 대의 재봉틀이 교실의 책상처럼 늘어서 있어. 아이들은 아침 8시부터 저녁 8시까지 12시간 가까이 재봉질을 하지. 바쁠 때는 업무 시간이 끝난 뒤 몇 시간씩 더 일하기도 해.

해밀라가 이렇게 일해서 받는 돈은 우리나라 돈으로 5만 원이야. 하루 일당이냐고? 천만에! 한 달에 받는 월급이란다. 고된 노동에 비해 무척이나 적은 액수야. 하지만 해밀라는 일을 할 수밖에 없어. 집에서는 몸이 불편한 아버지와 생활 능력이 없는 어머니, 그리고 어린 동생들이 해밀라만 바라보고 있거든.

작업장은 깨끗하게 보일지 몰라도 노동 환경은 매우 좋지 않아. 정해진 시간에 할당된 일을 다 해내지 못하면 조장 언니에게 욕설을 듣고 뺨을 맞기도 해. 마음 놓고 화장실에 갈 수도 없어. 화장실에 갈 때마다 카드에 기록을 해야 하기 때문이야.

해밀라는 "하루 일과가 끝나면 녹초가 되고 말아요. 뼈가 부서져라 일하는 데 비해 보수가 너무 적어요."라고 불만을 털어놓기도 했어. 그러나 곧바로 "힘들지만 제가 일하지 않으면 우리 가족은 굶어 죽고 말 거예요."라며 눈물을 글썽였어.

방글라데시에서는 해밀라보다 더 어린아이들이 아침 6시부터 공기도 잘 통하지 않고 기계 돌아가는 소리에 귀가 멍멍해지는 곳에서 일하는 경우가 많아.

방글라데시의 아동 노동 비율은 매우 높아. 5~9세의 아이들이 2%, 10~14세의 아이들은 30%나 된단다. 나이가 들수록 그 비율은 높아져. 이 통계는 방글라데시 정부가 발표한 것인데, 실제로는 이보다 더 많이 이루어지고 있어.

　국제 노동 기구(ILO)에 따르면, 전 세계 17세 미만 아이들 중 2억 1,500만 명의 아이들이 힘든 노동에 시달리고 있지. 아직 부모님의 보살핌을 받아야 할 아이들, 학교 책상에 앉아 있어야 할 아이들이 공장이나 거리에서 일하고 있는 거야. 어린이들이 일하지 않고도 살아갈 수 있는 세상을 만들 수는 없을까?

아동 노동 근절을 위한 포스터
매년 6월 12일은 국제 노동 기구에서 지정한 '세계 아동 노동 반대의 날'이야.

5 세계화 시대, 지역은 어떻게 바뀔까?

자연과 친한 생태 도시의 매력

세계를 비벼라

자연과 친한 생태 도시의 매력

전통 마을과 생태 도시

1854년, 당시 미국의 대통령 프랭클린 피어스는 백인 대표자들을 파견해 인디언들을 만나도록 했어. 그들은 인디언들에게 땅을 팔라고 요구했지. 당시 인디언 부족의 추장이던 시애틀은 백인 대표자에게 이런 편지를 보냈어.

> 우리에게는 이 땅의 모든 부분이 거룩하다. 빛나는 솔잎, 모래 기슭, 어두운 숲 속 안개, 노래하는 온갖 벌레, 이 모두가 우리의 기억과 경험 속에서는 신성한 것들이다. 나무속에 흐르는 수액은 우리 홍인(紅人, 인디언을 가리키는 말)의 기억을 실어 나른다. (중략) 우리는 땅의 한 부분이고 땅은 우리의 한 부분이다. 향기로운 꽃은 우리의 자매이다. 사슴, 말, 큰 독수리, 이들은 우리의 형제이다. 바위산 꼭대기, 풀의 수액, 조랑말과 인간의 체

인디언 추장 시애틀 시애틀은 '자연은 신성한 것이고, 사람도 자연의 일부'라고 말했어.

온, 이 모두가 한 가족이다. (중략) 아침 햇살 앞에서 산안개가 달아나듯이 홍인은 백인 앞에서 언제나 뒤로 물러났지만, 우리 조상들의 유골은 신성한 것이고 그들의 무덤은 거룩한 땅이다. 그러니 이 언덕, 이 나무, 이 땅덩어리는 우리에게 신성한 것이다.

이 편지에서 시애틀 추장은 완곡하지만 단호하게 자신들의 땅을 팔 수 없다고 말했어. 땅은 그들의 한 부분이고 그들도 땅의 한 부분이므로, 땅을 파는 것은 곧 그들의 몸과 정신을 파는 것과 마찬가지라고 주장했지. 백인들은 시애틀의 생각에 경의를 표했어. 그래서 미국 정부는 이를 기리기 위해 북서부 태평양 연안의 도시에 '시애틀'이라는 이름을 붙였단다.

땅을 생각하는 우리 조상들의 마음도 시애틀 추장과 다르지 않았어. 우리 조상들은 '지모(地母) 사상'을 지니고 있었어. 지모 사상이란 땅을 어머니로 여기는 생각이란다. 땅은 세상의 모든 것을 낳는 원천이요, 땅의 힘으로 모든 것이 성장한다고 보았지.

자연을 끌어들인 도시

최근에 '생태'라는 말을 많이 들어 봤을 거야. 생태란 인간과 자연의 공존, 인간과 자연의 바람직한 관계를 말해. 생태 마을이나 생태 도시는 인간과 자연이 조화롭게 공존하는 마을 혹은 도시를 말하지. 따라서 생태 도시를 '품 안으로 자연을 끌어들인 도시'라고 말할 수 있어.

산업화 이후 대량 생산 체제가 발달하면서 인류는 풍요로운 삶을 누리고 있어. 많은 양의 자원과 에너지를 소비함으로써 우리는 여유 있는 생활을 하고 있지. 석유가 없다면 우리의 삶은 어떻게 될까? 옷, 가방, 신발 등 일상에서 사용하는 대부분의 물건을 더 이상 만들지 못하게 돼. 자동차를 타고 텔레비전을 보는 일도 어려워질 거야.

인간과 자연의 공존과 조화를 추구하는 생태적 가치는 점점 중요해지고 있어, 그 가치를 찾으려는 노력이 전 세계적으로 나타나고 있단다. 그 대표적인 사례가 슬로푸드 운동과 슬로시티 운동이야. 슬로푸드 운동은 지역의 전통 음식, 곧 지역에서 생산된 안전한 먹을거리를 식탁에 올림으로써 더 건강한 삶을 살자는 운동이야. 인스턴트 식품과 패스트푸드처럼 열량은 높지만 영양가는 낮은 음식을 정크푸드라고 불러. 슬로푸드는 패스트푸드는 물론 정크푸드와도 반대되는 말이지.

슬로시티 운동은 이탈리아에서 시작된 국제 운동이야. 느림, 전통,

슬로시티 전통 문화와 자연을 잘 보호하면서 자유롭고 느린 삶을 추구하는 국제 운동을 가리켜. 또한 그런 삶을 살고자 노력하는 도시를 가리키지.

농촌, 삶의 질 등의 가치를 추구하지. 슬로시티에서는 도시 주변에서 기른 재료로 음식을 만들어 먹고, 자동차 대신 자전거를 타거나 걸어 다녀. 그리고 동네에 대형 상점이나 패스트푸드점이 들어오지 못하도록 막아. 슬로시티 사람들은 서양의 중세 시대처럼 지역 안에서 많은 것을 해결하고, 친환경적으로 사는 것을 추구한단다.

우리의 전통 마을은 생태 마을

우리나라 전통 마을은 대개 생태 마을이라고 할 수 있어. 타임머신을 타고 조선 시대로 가 볼까? 산과 들판이 만나는 곳에 마을이 있고, 마을 뒤에는 아담한 산이, 앞에는 너른 들판이 펼쳐져 있어. 뒷산에서 흘러온 개울은 마을을 통과하기도 하고, 마을을 에둘러 흐르기도 해.

마을 어르신께 "행복이란 무엇인가요?" 하고 여쭤 보면, "인생 별 거 있나. 등 따뜻하고 배부른 게 최고지!"라고 말씀하실 거야. 우리의 옛 마을 풍경과 '등 따뜻하고 배부르다'는 표현은 깊은 연관성이 있어. 마을의 뒷산은 겨울철 북서 계절풍을 막아 주고, 산에 있는 나무가 땔감이 되어 주는 덕분에 우리 조상들은 추위를 피할 수 있었어. 또한 뒷산에서 흘러온 개울과 완만하게 펼쳐진 농경지를 이용해 농사를 지어 먹고살았지.

전통 마을에서는 동네와 그 주변에서 필요한 모든 것을 구했고, 그것만으로도 주민들의 삶은 풍요로웠어. 그러면서도 자연에 아무런 생채기를 내지 않았지. 우리 조상들이 살던 이 같은 전통 마을은 오늘

1800년대 춘천 지도 우리 조상들은 산을 등지고 강과 들을 볼 수 있는 곳에 마을을 이루고 살았어. 자연과 어우러지는 소박한 삶을 추구했지.

날의 관점으로 보면 생태 마을에 해당한단다.

'친환경'이라는 말은 많이 들어 봤지? '친환경'에서 '친(親)'은 친밀하다는 것을 뜻해. 따라서 친환경은 자연과 친하고, 자연을 거스르지 않는다는 뜻이라고 할 수 있어.

우리나라의 대표적인 전통 마을로 전라남도 순천시에 위치한 낙안 읍성을 꼽을 수 있어. 낙안 읍성은 산자락과 들판이 만나는 곳에 마을이 있고, 오래된 성이 마을을 둘러싸고 있단다.

읍성을 이루는 담 위에 올라 마을을 내려다보면 성 안에 초가집과 기와집이 오밀조밀 모여 있어, 골목길이 아름답게 펼쳐져 있고, 마을에는 개울이 흐르고, 마을 남쪽에는 두 개의 연못이 있지. 연못에는 하얀 연꽃들이 바람을 따라 조용히 흔들린단다. 이들 연못은 마을의 물을 정화하는 역할을 해. 마을을 통과한 개울물이 연못에 한참 머무르는 동안 자연스럽게 정화가 이루어져. 이렇게 물을 깨끗하게 만든 다음에야 비로소 성 밖으로 흘려 보낸단다.

가을이 되면 마을의 초가집에는 들판에서 새로 거둔 짚으로 지붕을 올려. 늦가을에 초가지붕이 더욱 짙은 황금색을 띠는 이유는 지붕을 새로 올렸기 때문이야. 그렇다면 비바람과 햇볕을 견디다가 잿빛으로 물든 헌 짚은 그냥 버릴까? 아니야. 헌 짚은 부엌에서 밥을 지을 때 사용하기도 하고, 농사가 끝난 농경지에 뿌려 거름으로 쓴단다. 오랫동안 집의 온기를 지켜 주던 짚이 겨울철 난방 연료나 거름으로 쓰이는 거지.

전통 마을은 지속 가능성을 바탕으로 하고 있어. 대대손손 사람들이 살아도 환경에 나쁜 영향을 끼치지 않아. 전통 마을의 이와 같은 지속 가능성을 받아들여야 우리가 사는 도시도 생태 도시로 바꿀 수 있단다.

낙안 읍성 마을 전라남도 순천시에 위치해 있으며, 우리 조상들의 생태적 삶을 엿볼 수 있는 전통 마을이야.

인간과 자연이 공존하는 도시

생태 도시는 인간과 자연이 공존하는 도시야. 생태 도시의 궁극적인 목표는 자원을 절약하고 오염 물질을 적게 배출해서 삶의 질을 높이는 거야.

　독일 북부에는 에커른푀르데라는 작은 도시가 있어. 인구가 2만 7,000명 정도에 불과한, 우리나라로 치면 작은 읍 규모의 도시야. 하지만 이 도시의 중심가는 이른 새벽부터 밤까지 사람들의 온기로 가득해. 에커른푀르데에서 가장 넓은 길인 키엘 거리에는 자동차가 다니지 않고, 주민들이 빵과 채소를 팔지. 거리에는 자동차의 소음 대신

독일 에커른푀르데의 거리　거리에서 자동차가 사라지자 사람들의 거리로 복원되었어. 동네 상점도 더불어 살아났지.

고소한 빵 냄새가 가득하단다.

　에커른푀르데의 거리에 생기가 넘치는 이유는 자동차가 사라졌기 때문이야. 시 정부는 키엘 거리로 통하는 수많은 도로를 모두 차 없는 거리로 만들었어. 처음에 시민들은 도로에서 자동차를 내모는 것이 불가능하리라 생각했어. 하지만 시 정부와 환경 단체는 시민들을 설득했고, 시민들은 이를 받아들였어.

　자동차가 사라지니 동네 상권이 살아났어. 사람들은 자동차를 타고 먼 곳에 있는 대형 마트에 가서 물건을 잔뜩 사 오는 대신, 키엘 거리에 있는 철물점, 꽃집, 가구점 등을 이용하기 시작했지. 거리가 살아나면서 사람들은 환경 미화에 관심을 갖게 되었어. 담을 허물고 담장이 있던 자리에 화단을 만들기도 했지. 시간이 흐르면서 거리에는 삶의 여유를 즐기는 시민이 늘어났단다.

　에커른푀르데의 주민들은 물과 전기 절약에도 적극적으로 참여했어. 이 도시에서는 독자적 전기 요금 체제인 '에커른푀르데 요금'을 적용하고 있어. 전력 사용이 많은 시간대에는 요금을 비싸게, 전력 사용이 적은 시간대에는 요금을 싸게 적용해서 사람들이 자발적으로 전기를 아껴 쓸 수 있도록 했단다. 또한 관공서와 학교에서는 '에너지 워킹(실무) 그룹'을 만들어 에너지 절약에 힘쓰고 있어.

　생태 도시는 세계 곳곳에 있어. 스웨덴의 예테보리는 탄소가 없는 도시를 목표로 친환경 난방 시스템을 도입했고, 독일의 슈투트가르트는 건물의 신축을 제한해 바람 길을 만들어 공기를 깨끗하게 유지하고 있어. 미나마타병으로 유명한 일본의 미나마타 시는 '공해병의 도시'라는 오명을 딛고 분리수거를 철저히 하는 환경 도시로 거듭났

세계의 생태 도시 생태 도시의 공통점은 자연을 도시에 끌어들이고, 자원을 절약하기 위해 노력하고 있다는 점이야.

어. 그리고 브라질의 쿠리치바는 공원을 가꾸고 대중교통 체계를 바꾸어 친환경 도시로 이름을 높이고 있지.

우리나라의 생태 도시

우리나라에는 아직 생태 도시라고 내세울 만한 도시가 없어. 생태 도시의 필요성을 인식하고 실천한 역사가 짧기 때문이지. 하지만 최근에는 많은 도시가 생태 도시를 지향하고 있어.

대표적 도시가 전라남도 순천시야. 순천시는 앞에서 살펴본 낙안 읍성이 있는 곳이고, 세계 5대 습지의 하나이자 다양한 생명체가 숨 쉬는 순천만 습지가 있는 곳이야. 순천만은 한 해 300만 명에 가까운 관광객을 유치하고 있어. 생태 자원이 곧 관광 자원이 될 수 있음을 보여 주는 거지. 순천만의 성공은 개발하는 것보다 보존하는 것의 경제적 가치가 훨씬 더 크다는 사실을 증명한 거란다.

생태 보전에 대한 순천시의 관심은 다양하게 확산되고 있어. 흑두루미가 전봇대에 부딪히는 사고를 막기 위해 전봇대를 철거했고, 가을 추수 때는 철새들의 먹이로 논과 밭에 곡식을 남겨 두기도 해. 순천시는 자전거 중심 도시로도 이름을 높이고 있어. 시내의 해룡 산업 단지에는 자전거를 만드는 공장들이 들어섰고, 자전거 전용 도로도 생겼어. 그리고 공공 자전거인 '온누리'를 보급해서 친환경적인 착한 교통을 추구하고 있지.

순천만 습지 갯벌에 펼쳐지는 갈대밭과 S자형 수로 등이 어우러져 아름다운 해안 생태 경관을 보여 주고 있어.

한편 광주광역시는 '광주 푸른길'을 조성했어. 도심을 통과하는 경전선 철로 구간을 녹지대로 조성한 거야. 7.9km 정도의 좁고 긴 녹지대는 시민들의 쉼터가 되었어. 이 거리에서는 음악회, 전시회, 벼룩시장 등도 열려. 푸른길이 만들어지면서 시민들의 삶의 질이 높아진 거지. 이 길이 열린 기쁨을 노래한 시를 들려줄게.

광주 푸른길

광주에는

푸른 나라로 열려진 길이

푸른 세상으로 열려진 길이 펼쳐져서 좋네

봄 여름 가을 겨울 음악이 흐르듯

햇살과 달빛 받아 넘실넘실 강물 흐르듯

연인들 가슴도 풍선처럼 둥글게 부풀어 오르는

빛고을 광주라 아름다운 옛 기찻길

보기에도 참 좋네

걸어가 보면 더욱더 좋고 좋네

이웃끼리 손잡고 걸으면 참말로 신명이 나네

나무와 꽃과 새들이 노래하는 푸른길 푸른 광주!

- 김준태, <푸른길을 노래함>

 # 은평 뉴타운의 새로운 시도들

 여기는 서울의 북서쪽 은평구에 위치한 '은평 뉴타운'이야.

아파트 뒤로 산이 있고, 아파트가 높지 않아 여유로운 느낌이에요.

저 뒤에 보이는 산은 북한산이야. 참 멋지지? 이곳은 행정 구역상 서울이지만, 서울의 다른 지역에 비해 무척 한적해. 이 동네는 다른 동네와 다른 점이 많단다. 무엇이 다른지 발견했니?

찾았어요! 찻길이 휘어져 있어요. 왜 길을 직선으로 만들지 않은 거죠?

자동차들이 빨리 달리지 못하도록 한 거야. 자동차가 천천히 움직이면 사람들은 더 안전하게 다닐 수 있지. 사람들이 걸어 다니는 보도가 다른 동네보다 넓은 점도 눈치 챘니? 길을 만들 때 차보다 사람이 우선임을 먼저 고려한 거지.

아파트 단지 가운데에 정원이 있어요.

건물들로 둘러싸인 정원을 '중정'이라고 불러. 중정은 사람과 사람이 만날 수 있도록 마련한 공간이야. 아늑하고 편안한 느낌이 들지.

어디서 물 흐르는 소리가 들려요. 어라, 아파트 단지 안에 개울이 있네요.

아파트 가까이에 있는 북한산에서 흘러내린 물을 이용해 인공 개울을 만든 거야. 아파트 단지 곳곳에는 크고 작은 연못도 있어. 이렇게 물이 흐르는 공간을 조성하면 다양한 동식물이 살 수 있게 돼. 자연과 사람이 공존할 수 있도록 한 것이란다.

그런데 아빠, 저 기둥 위에 달린 직사각형의 검은 유리판은 무엇인가요?

 저건 태양광 시설이야. 햇빛으로 전기를 만들어서 가로등을 켜기도 하고, 여러 공공 용도로 사용한단다.

혹시 제가 아직 발견하지 못한 것은 없나요?

건물의 담, 거리의 턱, 전신주, 옹벽 같은 것들이 없다는 사실은 아직 발견하지 못했구나. 우리 눈에 잘 띄지는 않으면서 필요한 것들은 꼭 만들고, 불필요한 것은 없애는 것은 매우 소중한 시도란다.

서울 북서부에 위치한 은평 뉴타운의 모습

세계를 비벼라

세계화 속의 지역화 전략

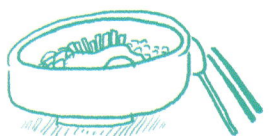

우리나라 대표 음식인 비빔밥이 세계로 진출하고 있어. 우리나라를 오가는 비행기에서 제공되는 기내식 비빔밥을 외국인들도 무척 좋아한다고 해. 팝의 황제 마이클 잭슨은 우리나라를 방문했을 때 비행기에서 비빔밥을 먹었다고 하지. 미국 영화배우 기네스 펠트로는 비빔밥 만드는 동영상을 인터넷에 올린 적도 있단다.

비빔밥은 '화반'이라고도 불려. 화반은 '꽃밥'이라는 뜻인데, 밥에 올린 재료들이 마치 꽃처럼 아름답다고 해서 붙여진 별칭이야. 비빔밥 만들기는 매우 쉬워. 밥 위에 계절에 따라 구할 수 있는 여러 나물을 얹고 고추장을 넣어 비비기만 하면 돼. 어떤 나물을 넣든 상관없고, 어떤 것을 곁들여 먹어도 훌륭해. 이렇게 무한 변신이 가능한 비빔밥은 그만큼 세계적으로 경쟁력이 있는 음식이야.

얼마 전 우리나라의 청년들이 비빔밥을 알리기 위해 세계 여행을 다녀와서 화제가 되었어. 그들은 '비빔밥 유랑단'을 만들어 2011년

비빔밥 유랑단의 시식 행사(왼쪽)와 뉴욕 시내 한복판의 비빔밥 광고(오른쪽) 세계인들에게 우리의 전통 음식을 알리기 위해 정부와 기업, 민간인 들이 함께 노력을 기울이고 있어.

4월부터 8개월 동안 15개국에서 99차례나 비빔밥 시식 행사를 열었어. 그리고 마지막 100번째 행사는 서울에서 치렀단다.

비빔밥 유랑단의 활약상을 살짝 엿볼까? 88번째 비빔밥 행사는 아르헨티나의 수도 부에노스아이레스에 있는 마조 광장에서 열렸어. 그들은 한국 문화의 날을 기념해서 약 500인분의 비빔밥을 준비했어. 밥 위에 여러 나물과 달걀을 얹어서 행사에 참여한 교포와 현지인들에게 나누어 주었지. 사람들 대부분은 고추장을 넣어 비벼 먹었고, 고추장을 못 먹는 이들은 레몬 간장 소스에 비벼 먹었어. 현지인들 대부분은 비빔밥을 처음 먹어 보는 사람이었다고 해. 이렇게 비빔밥 유랑단은 세계 각지를 돌아다니면서 세계인들에게 우리의 전통 음식을 소개했단다.

너는 우리나라의 전통 문화 중 어떤 것이 세계 시장에서 통할 거라 생각하니? 또한 너라면 어떤 것을 세계에 널리 알리고 싶니? 비빔밥의 본고장 전주의 슬로건은 '한바탕 전주, 세계를 비빈다!'야. 너도 한 번 세계를 비벼 보고 싶은 생각이 들지 않니?

세계화 시대, 지역의 의미

교통과 통신이 발달하면서 세계화가 이루어지고, 그에 따라 국경의 의미가 약화되고 있어. 세계화 시대가 전개되면서 국가의 의미가 크게 축소되었다면, 지역은 아무런 의미가 없는 걸까? 그렇지 않아. 세계화 시대의 지역은 과거 어느 때보다 더 중요한 역할을 한단다. 그래서 오늘날엔 세계화 시대라는 말 못지않게 '지역화 시대'라는 말도 많이 사용되고 있어. 세계화가 진행되면서 세계에서 경쟁력 있는 지역이 힘을 얻게 된 거지. 예를 들어 설명해 줄게.

너는 떡이나 국밥 같은 음식보다는 피자나 햄버거를 좋아하지. 세계의 많은 어린이도 너처럼 전통 음식보다 피자나 햄버거 같은 음식을 더 좋아할 거야. 그렇다면 피자나 햄버거는 처음부터 세계 어디서나 즐기는 음식이었을까?

피자는 이탈리아에서 밀가루로 만든 빵에 치즈와 고기, 채소 등을 올려 먹는 것에서 시작되었어. 이탈리아 사람들이 미국으로 이주하면서 피자 만드는 법이 전파되었고, 그때부터 피자가 세계로 퍼져 나가기 시작했어. 제2차 세계 대전 당시 이탈리아에 주둔했던 연합군의 병사들도 자기 나라로 돌아가면서 피자를 전파시켰지.

피자의 경쟁력은 비빔밥과 마찬가지로 무한 변신이 가능하다는 데 있어. 비빔밥에 다양한 나물을 얹을 수 있듯이 피자에도 고기와 채소 등 다양한 재료를 올릴 수 있어. 피자가 가진 또 하나의 경쟁력은 빠르고 쉽게 만들 수 있다는 점이야. 미국에서 패스트푸드 음식으로 발전할 수 있었던 이유지. 미국 피자의 대명사 피자헛은 피자의 이러한 장점을 바탕으로 세계로 진출했어. 피자가 우리나라에 들어온 것은 1980년대 중반이야. 30년이 지난 지금, 피자는 우리나라에서 무척 흔한 간식이 되었지.

피자 외에도 햄버거, 카레, 초밥 등 세계적인 음식들은 모두 특정한 지역에서 시작되었고, 점점 다른 지역으로 전파되면서 세계로 나아갔어. 이들 음식은 경쟁력이 있기 때문에 세계인이 함께 즐기는 음식이 될 수 있었던 거야.

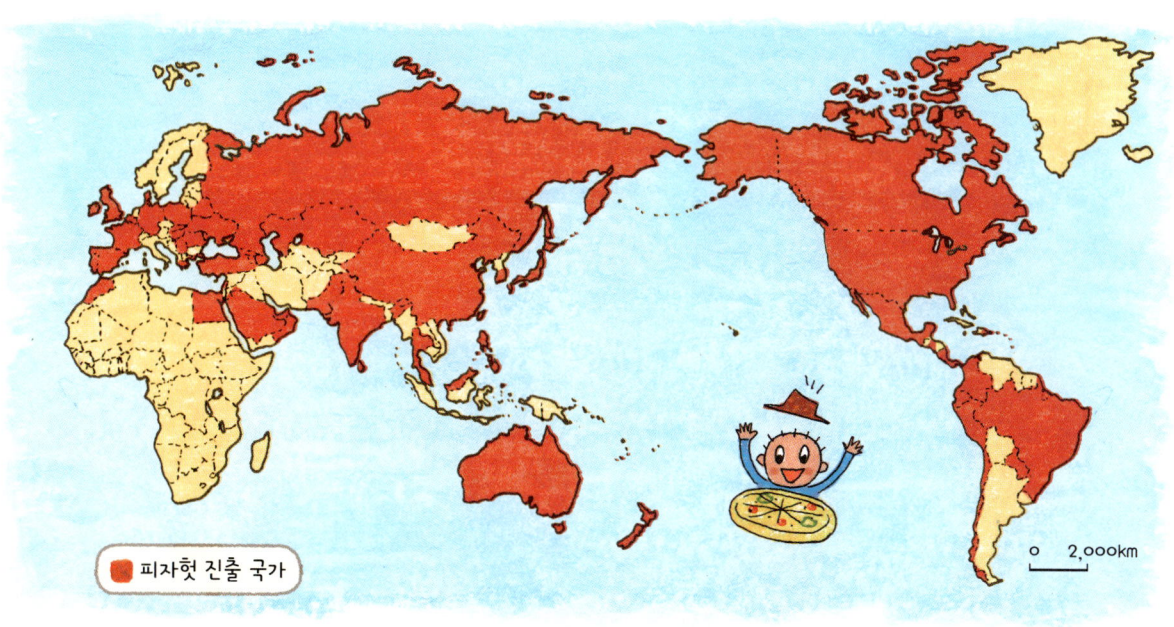

피자헛이 진출한 국가들 피자는 이탈리아에서 시작된 음식이지만, 이제 세계인의 음식이 되었어. 세계화란 지역적인 것이 세계로 널리 퍼져 나가는 거야.

5 세계화 시대, 지역은 어떻게 바뀔까?

지역 정체성이 바로 지역 경쟁력

세계화와 지역화 시대가 전개되면서 지역들은 서로 경쟁하고 있어. 경쟁에 앞선 지역은 사람과 돈을 끌어들이고 있어. 내국인이든 외국인이든 많은 사람이 찾는 곳은 경쟁력이 있는 곳이고, 그런 지역일수록 주민들의 소득이 높지. 그래서 세계의 각 지역은 스스로 경쟁력을 갖추려고 노력하고 있단다.

경쟁력을 갖추는 데 가장 중요한 것은 지역 정체성을 찾는 일이야. 지역 정체성은 그 지역만이 가지고 있는 독특한 자연환경, 역사, 문화 등으로 이루어져. 세계화 시대에 지역의 정체성이 강조되는 이유는 지역 정체성이 곧 지역의 경쟁력이기 때문이야.

지역의 정체성이 뚜렷하게 갖추어져 있다면 그것을 바탕으로 긍정적인 지역 이미지를 만들어야 해. 오스트리아의 빈, 캐나다의 밴쿠버 같이 많은 사람이 살고 싶어 하는 도시나, 미국의 뉴욕, 프랑스의 파

캐나다의 밴쿠버

프랑스의 파리

리같이 죽기 전에 꼭 가 보고 싶은 도시로 꼽히는 곳은 정체성이 뚜렷하면서도 좋은 이미지를 지녔지.

지역 이미지는 지방 정부나 주민들이 얼마나 노력하느냐에 따라 달라져. 그래서 지역 이미지를 개선하기 위해 노력하는 도시가 많지. 좋은 지역 이미지를 만들어 내기 위해서는 그 지역의 전통 산업, 문화, 예술 등을 활용할 수 있어.

이탈리아의 피렌체는 레오나르도 다 빈치, 미켈란젤로 등 예술가들의 숨결이 느껴지는 도시야. 피렌체는 예술적인 이미지를 강화하기 위해 명품을 만드는 공방을 육성했어. 좁은 골목을 따라 모여 있는 피렌체의 공방들은 도심의 뒷골목을 새로운 관광 명소로 만들어 주었지.

지역화를 위해 기존에 가지고 있던 긍정적 지역 이미지를 더욱 강화하는 경우도 많아. 그래야 사람들을 더 많이 불러모을 수 있거든.

지역 경쟁력을 갖춘 도시들 지역의 경쟁력 있는 이미지를 더욱 강화하거나 새로운 이미지를 만들어 내어 관광객을 불러 모으고 있어.

이탈리아 피렌체 베키오 다리 위의 보석 공방

그리스의 미코노스 섬

경기도 포천시의 아트밸리

그리스 남쪽 바다인 에게 해에는 미코노스라는 섬이 있어. 이 섬의 건물들은 온통 흰색이야. 모든 집의 벽에 회칠을 하고, 심지어 길바닥에까지 회칠을 했거든. 하얀색의 미코노스 섬은 푸른 하늘, 푸른 바다와 매우 잘 어울려. 그래서 이 환상적인 섬을 찾는 사람이 점점 더 많아지고 있지.

특징이 뚜렷하지 않아 지역 이미지를 잘 갖추지 못한 지역도 있어. 그런 경우에는 새로운 이미지를 만들어 내기도 해. 경기도 포천시에는 천주호라는 아름다운 호수가 있는데, 화강암을 채석하던 웅덩이에 샘물과 빗물이 고여 만들어진 인공 호수야. 포천시는 이 호수를 정비하고 주변에 전망대, 산책로, 조각 공원, 전시관 등을 만들어서 '아트밸리'라는 이름을 붙였어. 아트밸리는 포천시의 새로운 지역 이미지로 자리 잡았고, 수도권의 주민들을 끌어들이고 있단다.

장소를 상품화한다고?

'지역 브랜드'는 지역에서 생산된 상품과 서비스, 지역 축제 등을 사람들에게 인식시키고, 그것을 통해 지역 경제를 활성화하는 일을 말해. 우리나라의 지역들도 브랜드를 만들어 경쟁력 확보에 노력 중이지.

'햇사레 복숭아'에 대해 들어 본 적이 있니? 햇사레는 경기도 이천과 충청북도 음성 주민들이 함께 만든 지역 브랜드로, 상품 관리를 철저히 해서 소비자들의 신뢰를 얻고 있어. 최근 우리나라에는 햇사레 복숭아 외에도 평창 한우, 철원 오대쌀 같은 우수한 농산물 지역 브랜드가 많이 생기고 있단다.

경기도 이천시는 가을이 시작될 즈음 복숭아 축제를 개최해. 축제 기간 동안에는 복숭아 따기 체험, 복숭아 품평회, 청소년 가요제, 마라톤 대회, 시민 노래 자랑 등이 열리지. 이런 행사들로 관광객을 모아 관광 수입을 늘리고, 지역 주민들에게도 즐거운 축제에 참여할 수 있는 기회를 선사하지. 그뿐 아니라 도자기, 쌀 같은 이천의 다른 상품도 자연스럽게 홍보하고 판매할 수 있어. 이처럼 지역 축제를 이용

경기도 이천시의 복숭아 축제 이천시는 복숭아 축제를 통해 지역의 특산물을 판매하고 관광객을 불러 모으고 있어.

해서 지역 브랜드를 강화하는 경우가 많단다.

지역 이미지를 홍보하는 것은 장소를 파는 일이라고도 할 수 있어. 어떤 장소의 고유한 특성을 드러내어 그것을 상품화하고 판매하는 것이 지역화의 주요 전략이지. 이렇게 장소를 파는 것을 장소 마케팅이라고 해. 지역에서 생산한 농산품을 파는 일, 축제를 열어 관광객을 모으는 일, 나아가 지역에 기업을 유치하는 일 등을 모두 장소 마케팅이라고 볼 수 있어.

장소 마케팅을 할 때는 다른 지역과의 경쟁을 피할 수 없어. 예를 들어 복숭아가 경기도 이천에서만 생산되는 것은 아니니까 말이야. 따라서 장소 마케팅을 할 때는 다른 지역의 경쟁력도 잘 파악해야 해.

그 지역만의 독특한 지역성, 축제, 시설물, 농산물 등을 '장소 자산'이라고 부르는데, 장소 마케팅에서 가장 중요한 것이 바로 장소 자산을 찾아내는 일이야. 장소 자산을 잘 찾아냈다면, 그것을 매력적인 방식으로 제시하고 홍보해야겠지. 물론 그 과정에서 지방 정부와 주민들의 노력이 매우 중요하단다.

지역의 브랜드화, 아이 러브 뉴욕

사진 속 할리우드 배우가 'I ♥ NY'이라고 쓰인 티셔츠를 입고 있어. 주변에서 이 로고가 담긴 상품을 본 적이 있을 거야. 아이 러브 뉴욕은 성공한 지역 브랜드 가운데 하나야.

1973년 제1차 석유 파동 직후 전 세계는 극심한 경제 불황을 겪었어. 아랍 산유국의 석유 무기화 정책이 석유 공급 부족과 석유 가격 폭등을 가져오면서 전 세계 경제는 큰 혼란과 어려움을 겪었지. 이 시기에 뉴욕은 대도시로서의 활기를 잃기 시작했어. 지하철은 더럽고 위험했으며, 도심 곳곳은 쓰레기로 덮였어. 치안이 좋지 않아 강력 범죄도 증가했지. 급기야 다른 도시로 이주하는 시민이 많아져서 인구의 10% 정도가 줄어들었단다.

1975년 뉴욕 주 정부는 시민들에게 희망을 주려고 광고 캠페인을 기획했어. 이때 디자이너 밀턴 글레이저가 만든 아이 러브 뉴욕이 뉴욕을 상징하는 지역 브랜드로 채택된 거야. 아이 러브 뉴욕은 뉴욕은 물론 나아가 미국이 경제 불황기를 견디고 극복하는 데 커다란 도움을 주었어. 2001년 9·11 테러 사건 당시에 공황 상태에 빠졌던 뉴욕 시민들이 심리적 안정을 되찾는 데도 큰 역할을 했지.

오늘날 뉴욕은 문화와 예술의 도시, 뮤지컬과 금융의 도시, 패션과 쇼핑의 도시, 음식의 도시 등으로 잘 알려져 있어. 누구나 한 번쯤은 가 보고 싶은 도시가 되었지. 해마다 5,000만 명의 관광객이 뉴욕을 찾고, 뉴욕은 할리우드 영화나 광고에도 자주 등장하지. 뉴욕이 이런 도시가 된 데는 아이 러브 뉴욕이 커다란 역할을 했단다.

세계의 많은 도시가 지역 브랜드를 만들기 위해 힘쓰고 있어. 특히

'아이 러브 뉴욕' 관련 상품과 로고
아이 러브 뉴욕은 세계에서 가장 성공한 지역 브랜드야.

지역 브랜드 덴버(왼쪽)와 암스테르담(오른쪽) 미국 중서부에 위치한 덴버는 도시 자체가 1마일(약 1.6km) 위에 있는 도시라는 점에 착안하여 '더 마일 하이 시티'라는 지역 브랜드를 만들었어. 네덜란드의 암스테르담은 도시 이름을 활용하여 '아이 엠(암)스테르담'이라는 지역 브랜드를 만들었지.

서유럽의 여러 도시는 쇠퇴한 공업 대신 관광 산업을 통해 도시 발전을 도모하고 있는데, 이 과정에서 지역 브랜드를 강화하기 위해 많은 노력을 기울이고 있지.

지리적 표시제, 보성 녹차와 상주 곶감

'지리적 표시제'란 어떤 지역의 농산물, 임산물, 수산물 등과 그것을 가공한 제품이 그 지역의 지리적 특성을 반영하고, 생산과 가공도 지역 내에서 한 경우 원산지의 이름을 상표권으로 인정해 주는 제도를 말해. 쉽게 말하면 음식 솜씨가 좋은 다정이 엄마가 만든 김치에만 '다정이네 김치'라고 이름 붙이는 것이 가능하다는 말이지. 다른 사람이 만든 김치는 다정이네 김치가 될 수 없는 거야.

지리적 표시제는 국가끼리 거래할 때도 효력을 발휘할 수 있어. 이를 위해서는 세계 무역 기구에 등록해야 해. 우리나라에서 처음으로 지리적 표시제에 등록된 상품은 보성 녹차야. 보성이 아닌 다른 지역에서 생산된 녹차에는 '보성'이라는 지명을 사용할 수 없게 된 거지. 보성 녹차는 지리적 표시 등록 이후 매출과 수익이 늘었고, 보성 녹차를 이용한 가공품도 잘 팔리고 있어. 보성 녹차 덕분에 보성을 찾는 관광객도 늘었단다.

우리나라에는 100여 가지가 넘는 품목이 지리적 표시 등록이 되어 있어. 순창 고추장, 횡성 한우, 성주 참외, 해남 고구마, 상주 곶감, 양양 송이 등이 대표적이야. 지리적 표시제는 앞에서 살펴본 농산물 브랜드와 같은 효과가 있어. '상주 곶감' 하면 누구나 알아주는 곶감, 신뢰할 수 있는 곶감으로 많은 사람에게 인식되는 효과가 있는 거지.

보성 녹차밭 보성 녹차는 우리나라 제1호 '지리적 표시제' 상품으로 등록되었어.

무에서 유를 창조한 함평 나비 축제

 저기 언덕 위에 나비 문양이 새겨져 있어요. 여기가 함평이군요!

함평은 전라남도 서쪽에 위치한 고을이야. 주로 쌀농사를 짓는 지역이었는데, 산업화 과정에서 많은 사람이 이곳을 떠났단다. 그래서 함평은 노인 인구의 비중이 매우 높아.

 함평은 나비 축제로 유명하죠?

맞아. 함평에는 공장도 거의 없고, 특별한 관광 자원과 특산품도 없지. 고구마가 유명하기는 했지만, 지역 경제에 크게 보탬이 될 정도는 아니었어. 그래서 사람들은 관광 자원을 만들어 관광객을 유치하기로 한 거란다. 함평천 둔치에 유채를 심어 관광객을 불러 모으려 했지만, 유채꽃만 가지고는 사람들의 주목을 끌기 힘들었어. 그래서 나비를 생각하게 된 거야.

함평 나비 축제 포스터

함평에는 원래 나비가 많았나요?

나비는 꽃이 있는 곳에 많은 곤충이야. 함평이라고 해서 특별히 나비가 많았던 것은 아니란다. 1999년 처음으로 함평 나비 축제가 열렸는데, 축제를 준비하면서 나비가 부족해 제주도에 가서 나비를 구해 왔다고 해. 그런데 이제는 10만 마리도 넘는 나비가 이곳을 날아다니고 있지.

 함평 나비 축제는 무에서 유를 창조한 축제네요.

 그런 셈이지. 함평군의 인구는 4만 명이 되지 않는데, 나비 축제 기간에 이 고장을 찾는 사람이 무려 24만 명에 달한다고해. 해마다 많은 사람을 불러 모으는 성공적인 지역 축제가 된 거지.

함평 나비 축제 모습

6 우리나라의 영역과 국토 통일

우리나라는 어디까지일까?
영토를 둘러싼 지구촌 갈등
북한, 또 다른 절반

우리나라는 어디까지일까?

영역의 이해

세계에는 몇 개의 국가가 있을까? 국가의 기준을 어떻게 잡느냐에 따라 달라지기도 하고, 새로운 국가가 생겨나고 기존의 국가가 없어지기도 하기 때문에 정확한 숫자를 파악하기는 힘들어.

세계에서 가장 큰 국제기구인 국제 연합(UN)에 소속된 나라는 2012년 기준으로 193개야. 가장 최근에 유엔에 가입한 나라는 2011년 수단에서 독립한 남수단이란다. 유엔에 소속되지 않은 나라는 교황의 나라 바티칸 시국, 세르비아의 자치주로 있다가 2008년에 독립했지만 일부 나라로부터 독립을 인정받지 못하여 미승인 국가로 남아 있는 코소보, 원래 유엔에 소속되어 있었지만 중국이 유엔에 가입하면서 강제로 퇴출된 타이완 등이야. 유엔 가입국 193개에 바티칸 시국, 코소보, 타이완을 더하면 196개국이 돼.

그 밖에도 우리가 흔히 '국가'라고 인식하는 지역이 더 있어. 푸에르토리코, 버뮤다, 그린란드, 팔레스타인, 서사하라 등이지. 이 지역 주민들은 독립을 꿈꾸거나 강대국에 완전히 편입되기를 바라기도 해.

영국 서남부의 웨일스나 북부의 스코틀랜드는 매우 독특한 지위를 차지하고 있어. 이들은 영국의 연방 국가(국가의 권력이 중앙 정부와 지방 정부에 동등하게 분포하는 국가 형태)를 구성하지만 월드컵에는 따로 참여해. 특히 웨일스와 스코틀랜드 주민들은 자신들이 살고 있는 지역이 독립적인 나라라고 생각한단다. 웨일스의 경우 영어가 아닌 웨일스어, 즉 '웰시'를 사용해. 웨일스 거리의 간판은 알파벳으로 되어 있지만, 막상 읽으려고 하면 영어와 다르다는 것을 알 수 있어. 웨일스 사람들은 이처럼 고유 언어를 사용하면서 스스로를 영국 사람이 아닌 웨일스 사람이라고 생각한단다.

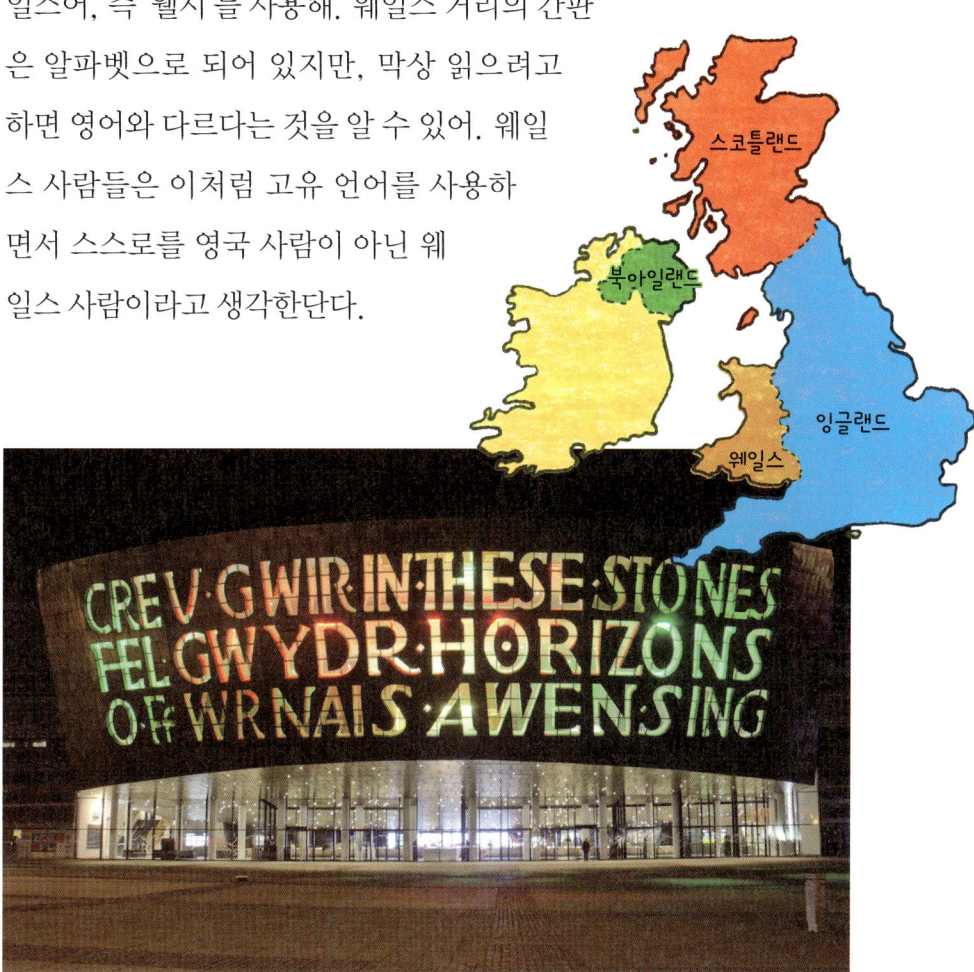

웨일스 거리의 간판 웨일스 사람들은 '웰시'라고 불리는 웨일스어를 사용하는데, 이는 영어와 완전히 다른 언어야.

세계 각국에는 웨일스처럼 문화적 정체성을 유지하면서 독립을 꿈꾸는 지역이 많아. 에스파냐의 카탈루냐 지방과 바스크 지방, 이탈리아의 북부 이탈리아, 중국의 신장웨이우얼 자치구와 시짱 자치구 등이 이에 해당해. 이들 지역에서는 언제든 새로운 나라가 생겨날 수도 있단다.

땅, 바다, 하늘 모두가 우리나라

우리 집에 감나무 한 그루가 있다고 생각해 보자. 감나무의 나뭇가지가 이웃집 담을 넘었고, 가을이 되자 주홍빛 감이 탐스럽게 열렸어. 그렇다면 담을 넘은 나뭇가지의 감은 우리 집 감일까, 아니면 이웃집 감일까? 이렇게 판단하기 애매한 문제 때문에 이웃과 다툼이 생기듯, 국가 사이에도 영역을 둘러싼 다툼이 끊이지 않고 일어나지.

한 국가의 주권이 미치는 범위를 '영역'이라고 해. 영역은 영토, 영해, 영공으로 구성돼. 영토는 주권이 미치는 땅이고, 영해는 주권이 미치는 바다, 영공은 주권이 미치는 하늘이야.

헌법에는 우리나라의 영토가 '한반도와 부속 섬'이라고 되어 있어. 한반도는 삼면이 바다로 둘러싸인 육지 부분이고, 부속 섬은 제주도와 울릉도, 독도 등이야. 한반도에 부속된 섬은 약 3,400개인데, 이 섬이 모두 우리나라의 영토에 해당한단다.

그렇다면 북한 땅은 우리나라 영토일까? 지금은 우리 정부의 실질적 지배가 이루어지지 않고 있지만, 북한은 우리나라의 영토에 해

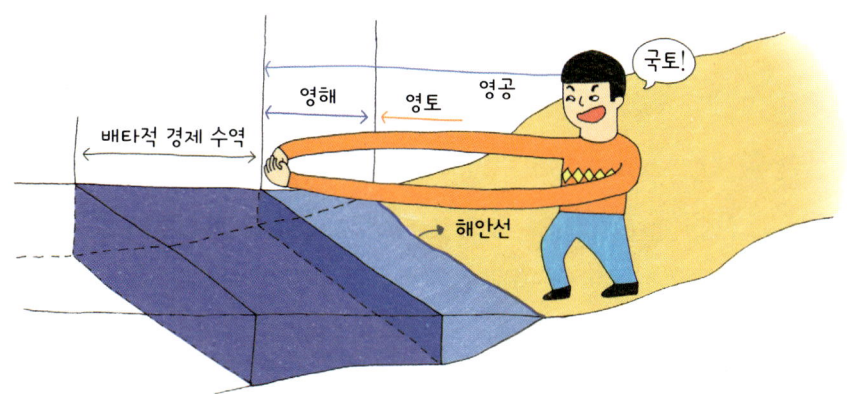

영역의 구성 한 나라의 영역은 영토, 영해, 영공으로 구성돼. 영해는 기준선에서 12해리까지의 바다이고, 영공은 영토와 영해의 상공에 해당해.

당해. 통일이 되면 정부의 실질적 지배가 이루어질 수 있기 때문이야. 남한의 영토 넓이는 약 10만km^2이고, 남한과 북한을 합하면 22만 3,000km^2가 돼.

영해의 범위를 이해하는 것은 조금 복잡해. 영해의 범위를 설정하는 기준이 두 가지이기 때문이야. 동해안처럼 해안선이 단조로운 곳이나 울릉도, 독도처럼 외딴 섬의 경우 통상 기선(일반적인 기준선)에서 12해리까지의 바다가 우리나라의 영해야. 12해리는 1,852m 정도의 거리란다. 해안선은 밀물과 썰물에 따라 시시각각 달라져. 영해는 넓을수록 좋으니까 물이 가장 많이 빠져 나간 썰물 때를 기준으로 해안선에서 12해리까지를 영해로 정했지.

해안선이 복잡하고 섬이 많은 곳에 통상 기선을 적용하면 영해의 범위가 비누 거품처럼 올록볼록해질 거야. 그렇게 되면 어디까지가 우리나라의 영해이고, 어디부터가 공해(어느 나라의 영해에도 속하지 않는 바다)인지 헷갈리지. 이런 곳에서는 직선 기선에서 12해리까지의 바다를 영해로 설정해. 직선 기선은 가장 바깥쪽에 있는 섬들을 기점으로 연결한 선을 말해. 직선 기선을 적용하면 통상 기선을 적용할 때보다 영해가 더 넓어진다는 이점이 있단다.

해협은 육지나 섬 사이에 낀 좁은 바다를 말해. 우리나라와 일본 사이에는 대한 해협이 있어. 이곳에서는 직선 기선 12해리를 적용하면 공해가 사라지기 때문에 이웃한 나라들이 바다를 이용하는 데 불편해

우리나라의 영해 서해안과 남해안에서는 직선 기선을 적용하고, 동해안에서는 통상 기선을 적용해.

져. 그래서 대한 해협에서는 예외적으로 직선 기선에서 3해리까지의 바다를 우리나라 영해로 설정하고 있어.

영공은 영토와 영해 위의 하늘을 말해. 영공은 항공 교통이 발달하면서 더욱 중요해지고 있는 공간이야. 영공은 영토와 영해의 상공이기는 하지만 보통 대기권까지로 간주하고 있어. 대기권의 바깥은 누구나 접근할 수 있는 우주 공간이야. 그래서 이웃나라의 전투기는 우리나라를 함부로 통과할 수 없지만, 이웃나라의 인공위성은 우리나라 상공을 통과하면서 우리 국토를 들여다볼 수 있단다.

영토가 넓을수록 좋을까?

우리나라의 국토 면적은 남한과 북한을 더할 경우 세계 85위이고, 남한만으로는 세계 109위야. 세계에서 가장 국토가 넓은 나라는 러시아인데, 면적이 무려 1,709만 8,242km^2로 남북한을 합한 면적의 78배 정도나 돼. 전 세계 육지 면적의 8분의 1을 차지하고 있는 셈이지.

반면 세계에서 가장 면적이 좁은 나라는 바티칸 시국이야. 바티칸 시국은 이탈리아의 로마 안에 있어. 바티칸 시국은 커다란 건물 한 채와 광장 그리고 부속 건물과 정원으로 구성되어 있는데, 서울의 경복궁과 면적이 비슷해. 바티칸 시국을 둘러싼 성벽이 바티칸과 이탈리아를 나누는 국경선 역할을 하고 있단다.

세계에는 러시아 이외에도 국토가 넓은 나라가 많아. 러시아 다음으로 면적이 넓은 나라는 캐나다, 미국, 중국, 브라질, 오스트레일리

바티칸 시국 세계에서 가장 작은 나라로 국토의 면적이 서울의 경복궁만 해.

아, 인도, 아르헨티나, 카자흐스탄, 알제리 순서야. 면적이 넓은 나라 중에는 미국과 캐나다 같은 선진국도 있고, 인도 같은 개발 도상국도 있어.

국토가 넓은 나라는 좁은 나라에 비해 천연자원이 풍부할 가능성이 크기 때문에 그만큼 잠재력이 있지. 브라질, 러시아, 인도, 중국, 남아프리카 공화국을 일컬어 브릭스(BRICS)라고 해. 이들은 21세기에 들어서면서 빠르게 경제 성장을 이루고 있어. 이 나라들의 공통점은 영토가 넓고 자원이 풍부하다는 거야.

한편 국토가 넓지 않지만 경제적으로 풍족한 나라도 많아. 베네룩스 3국이라 불리는 벨기에, 네덜란드, 룩셈부르크는 세계적인 강소국이야. 스위스와 오스트리아도 국토 면적은 넓지 않지만 선진국이지. 아시아의 싱가포르, 서남아시아의 석유 부국들인 카타르, 쿠웨이트, 아랍 에미리트 등도 작지만 부유한 나라들이야.

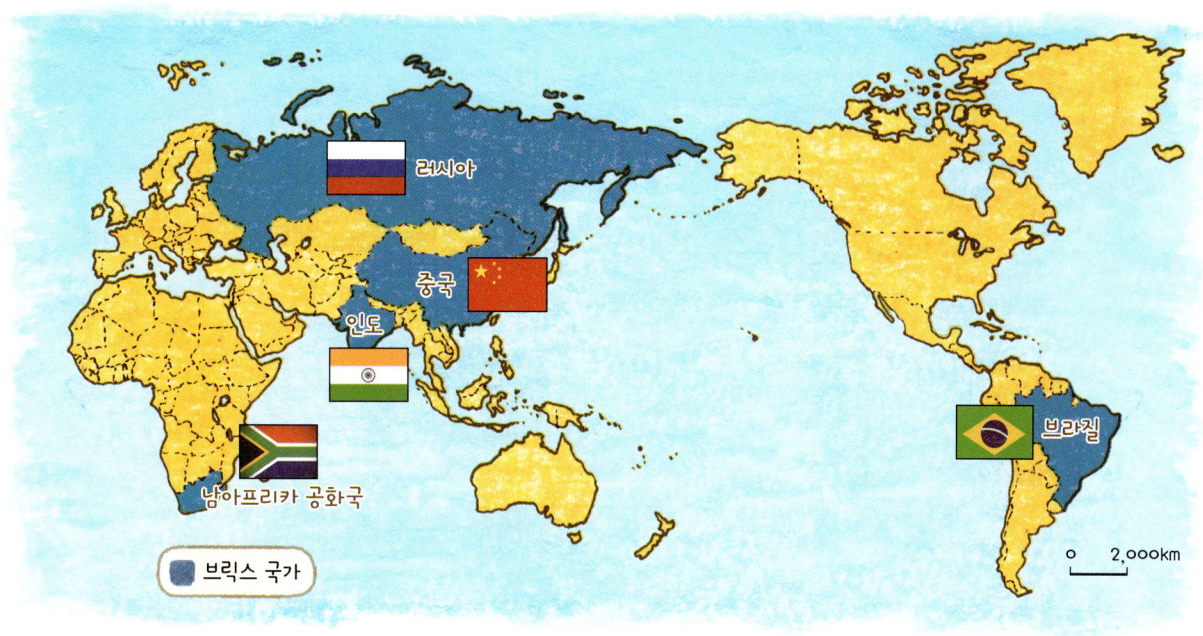

브릭스 국가 영토가 넓고 자원이 많은 국가들로, 세계에서 차지하는 경제 비중이 커지고 있어.

자원 독점에 유리한 배타적 경제 수역

옛날에는 영해를 중요하게 생각하지 않았단다. 거친 바다를 가져 봐야 별 이득이 없다고 생각했거든. 그런데 해상 교통 발달로 바다를 이용하는 일이 많아지면서 사람들은 영해가 너무 좁다고 생각하게 되었어. 12해리는 약 22km로, 마라톤 코스의 절반 거리밖에 안 되거든.

바다에는 대륙붕이라는 것이 있어. 대륙붕은 육지로부터 연장된 지형으로, 수심 200m보다 얕은 곳이란다. 대륙붕에는 육지에서 흘러든 하천으로 인해 토사 퇴적물이 쌓여 있기 때문에 석유나 천연 가스 같은 자원이 많이 매장되어 있어. 그런데 대륙붕의 상당 부분이 영해가 아닌 공해 상에 있어서 문제가 되고 있단다.

1954년 당시 미국의 대통령이었던 트루먼은 미국 연안의 대륙붕에 있는 자원에 대한 권한이 미국에 있다고 주장했어. 이 주장에 반대한 나라도 있지만, 미국처럼 자국의 대륙붕에 대한 권리를 주장한 나라들도 있었어. 긴 해안선과 넓은 바다를 끼고 있는 나라들은 미국처럼 대륙붕을 차지하는 것이 유리했거든.

대륙붕에 대한 권리가 어느 나라에 돌아가야 하는지는 무척 어려운 문제야. 대륙붕은 해역마다 폭과 넓이가 다를 뿐 아니라 어디까지가 대륙붕인지 분명하지 않거든. 그래서 1958년, 세계 각국은 협의를 통해 영해 기선에서 200해리까지에 위치한 해저 및 수산 자원에 대한 권리를 연안국에 주기로 했어. 영해 기선에서 200해리까지의 바다 중 영해를 제외한 수역을 '배타적 경제 수역'이라고 하는데, 이는 영해보다 매우 넓은 범위야.

네가 태평양에서 요트 여행을 하다가 외딴 섬을 발견했다고 가정해 보자. 만약 그 섬이 우리나라의 영토가 된다면, 그 섬을 둘러싼 해역의 200해리, 약 370km 폭의 바다가 우리나라 경제 수역이 되는 거야. 반지름이 370km인 원의 면적을 계산해 보면 약 43만 km^2 정도인데, 이는 우리나라 국토 면적의 2배나 돼. 일본은 본토에서 1,800km 떨어진 곳에 미나미토리시마라는 작은 섬을 가지고 있는데, 이 섬 덕분에 약 43만 km^2의 바다를 갖게 되었지. 세계 각국이 경제 수역을 설정하게 되면서 영토와 바다는 더욱더 중요해졌어.

세계 각국이 경제 수역을 선포하면서 실질적인 공해는 크게 줄었어. 특히 미국, 프랑스, 오스트레일리아, 러시아, 캐나다, 일본 등의 경제 수역이 넓어지면서 이들 국가는 자국의 경제 수역에서 나오는 수산 자원과 지하자원을 독점할 수 있게 되었지. 배타적 경제 수역에서는 인접국이 경제적 주권을 행사할 수 있기 때문이야.

한일 공동의 바다가 있다고?

두 개의 국가가 서로 200해리의 경제 수역을 선포하려면 두 나라의 영토가 740km 이상 떨어져 있어야 해. 그런데 대한 해협을 기준으로 우리나라와 일본 사이의 거리는 50km밖에 안 돼. 우리나라와 일본 사이의 바다는 너무 좁아서 12해리인 영해도 설정하지 못하고 있는 상태야.

우리나라와 일본은 독도 영유권을 두고 갈등하고 있지. 우리나라가 독도를 실질적으로 지배하고 있고, 우리 경찰이 지키고 있으며, 우

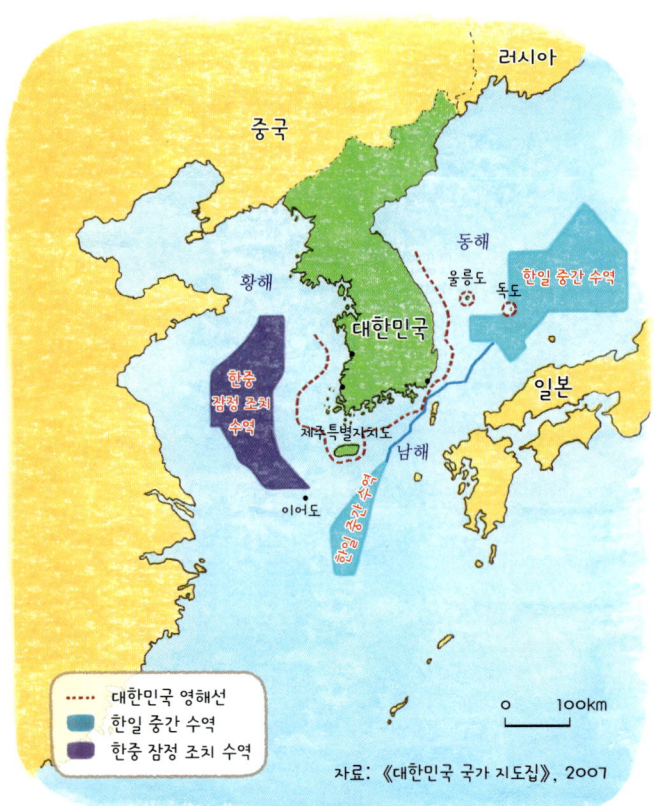

우리나라의 주변 바다 황해에는 한중 잠정 조치 수역이 있고, 동해와 남해에는 한일 중간 수역이 설정되어 있어.

리나라 사람들이 거주하고 있으니 독도는 당연히 우리나라의 영토야. 그러므로 독도에서 12해리까지의 수역이 우리나라의 영해인 것도 당연해.

우리나라와 일본은 거리가 가까운데다가 독도를 두고 영유권 갈등을 벌이고 있기 때문에 경제 수역을 설정하기가 어려웠어. 그러다가 한일 어업 협정을 통해 동해를 3개의 수역으로 분할했어. 우리나라의 경제 수역, 일본의 경제 수역, 한일 중간 수역으로 나눈 거야. 한일 중간 수역은 우리나라와 일본이 함께 이용할 수 있는 바다에 해당해.

문제는 독도와 독도의 해안선을 기준으로 설정한 우리나라 영해가 한일 중간 수역으로 둘러싸여 있다는 사실이야. 정부는 단순히 협정에 따라 어업권에 대해서만 한시적으로 바다를 분할했기 때문에 문제가 없다고 말하지만, 한일 어업 협정은 반드시 개정되어야 해. 독도는 우리 땅이므로 독도 주변의 바다 역시 우리나라의 경제 수역이 되어야 하기 때문이야.

이어도를 확보하라!

이어도는 마라도에서 서남쪽으로 149km 떨어진 곳에 위치한 암초로, 공식 명칭은 '파랑초'야. 암초란 바닷속에 있거나 바다 위에 노출되어 있지만 사람이 살 수 없는 바위를 말해.

원래 이어도는 상상의 섬을 가리켰어. 척박한 삶을 살아가던 제주도 사람들이 죽으면 갈 수 있는 이상향이라고 생각했던 곳이지. 그러다 1951년, 해군이 제주도 남쪽에서 발견한 암초에 이어도라는 이름

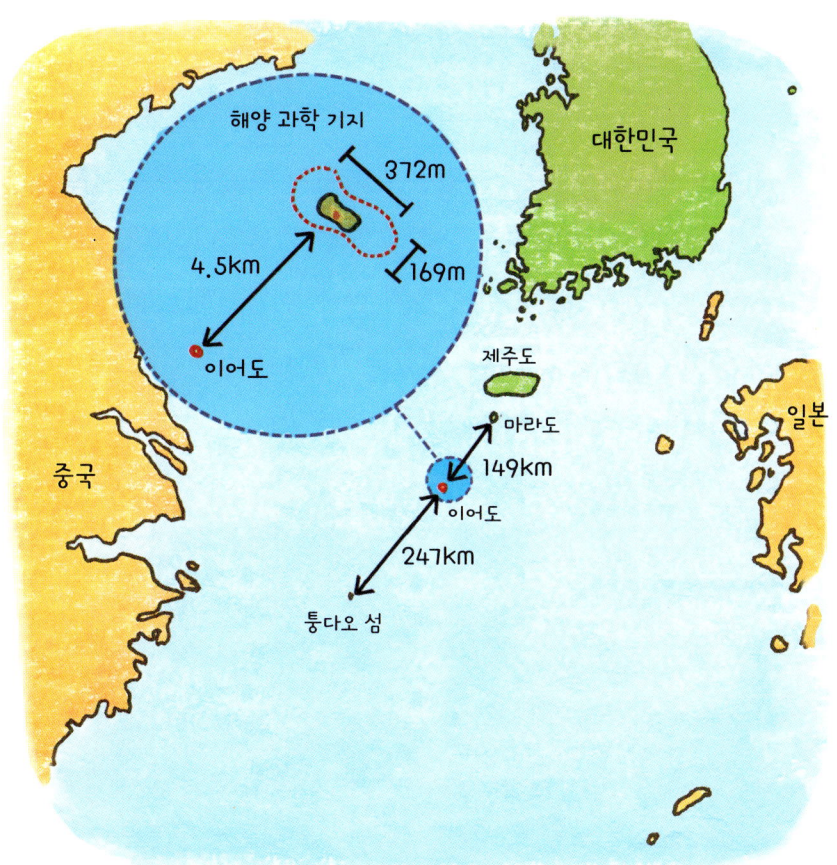

이어도 마라도 서남쪽에 위치한 공해 상의 암초야. 여기에 우리나라의 해양 과학 기지가 설치되어 있지.

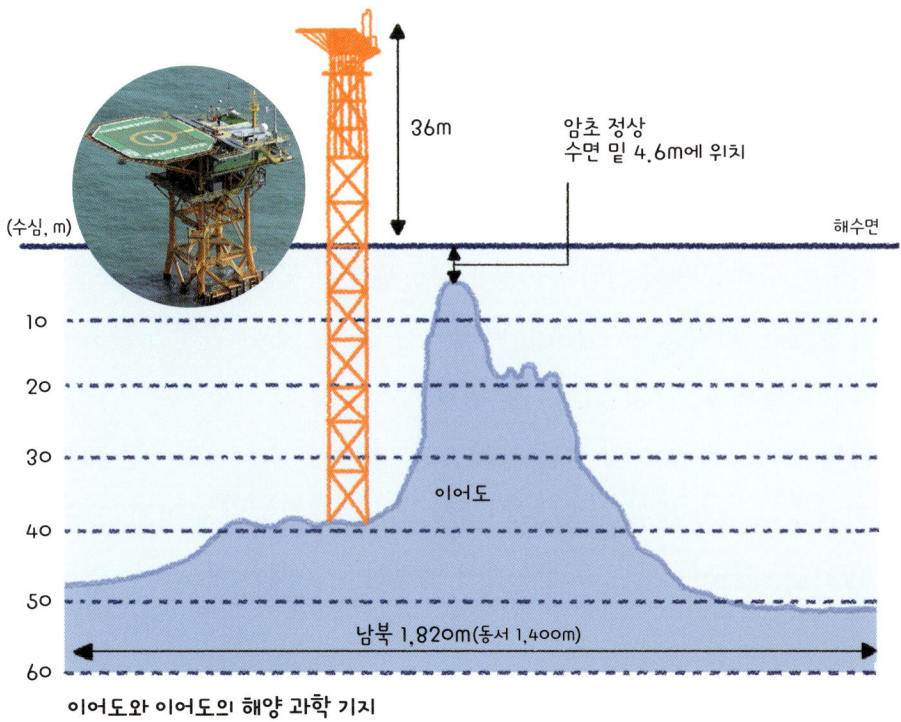

이어도와 이어도의 해양 과학 기지

을 붙였어. 이어도는 바닷속에 있는 암초이기 때문에 물 위로 잘 드러나지 않지만, 파도가 거세지면 간혹 그 모습이 보인다고 해.

이어도는 우리나라와 중국 사이의 공해에 위치해. 마라도에서는 149km(80해리), 중국의 퉁다오에서는 247km(133해리) 떨어져 있지. 앞으로 배타적 경제 수역이 확정된다면, 이어도는 중국보다 우리나라의 영토와 가까우니 우리나라의 배타적 경제 수역이 되어야 하지.

정부는 8년에 걸친 공사 끝에 2003년 6월 이어도에 해양 과학 기지를 완공했어. 암초에 철골 구조물을 박고 그 위에 과학 기지를 건설한 거야. 암초에 구조물을 설치했다고 해서 섬이 되는 것은 아니야. 따라서 이어도가 우리나라의 영토가 된 것은 아니란다. 하지만 정부는 해양 과학 기지를 통해 이어도와 주변 바다에 대한 실질적 지배권을 계속해서 확보해 나가고 있어.

점점 커진 섬, 강화도

강화도는 우리나라에서 네 번째로 큰 섬이다. 해마 모양이었던 강화도는 고려 시대부터 이루어진 간척 사업 덕분에 오늘날과 같은 큰 섬이 되었다.

강화읍에 가면 '고려 궁지'를 볼 수 있다. 몽골의 침략 당시 고려의 수도를 개경(오늘날의 개성)에서 강화도로 옮기면서 왕뿐 아니라 수많은 주민이 이주해 온 것으로 추정된다.

강화도는 산이 많은 반면, 들판은 많지 않은 섬이었다. 그러나 개경에서 온 사람들이 무질서하게 산을 개간한 지 얼마 지나지 않아 강화도의 숲이 황폐해졌다.

고려 시대 고종은 간척의 필요성을 절감하고 관리들에게 일꾼을 뽑아 바닷가에 둑을 쌓게 했다. 방조제를 쌓은 뒤 땅을 고르게 하고 논과 밭을 만들었다.

밀물과 썰물이 드나드는 갯벌에 둑을 쌓는 일은 쉽지 않았다. 시간이 흐르면서 방조제를 쌓는 기술이 점차 좋아졌고, 농사에 알맞은 땅도 더 많이 확보할 수 있었다. 이런 과정을 거치며 강화도의 해안선은 점점 단조로운 모습으로 변했고, 섬의 크기도 커졌다.

강화도의 간척 사업은 조선 시대에도 계속되었다. 간척 사업으로 원래 3개의 섬이던 교동도는 하나의 섬이 되었고, 원래 2개의 섬이던 석모도도 하나의 섬이 되었다.

이렇게 조상들의 피와 땀이 어린 노력과 지혜로 국토 공간이 넓어지고, 우리 삶터도 윤택해진 것이다.

강화도의 변화 강화도와 주변의 여러 섬은 간척 과정을 통해 면적이 넓어졌어.

간척 이전

고려 시대 후기

조선 시대 후기

1990년대

영토를 둘러싼 지구촌 갈등

영역 갈등

아프리카 지도를 가만히 들여다보렴. 나라의 경계선이 직선으로 이루어진 곳이 많을 거야. 이렇게 아프리카 국경선이 자로 잰 듯한 모양인 이유는 아프리카가 유럽 제국의 식민지였기 때문이야.

벨기에의 국왕이던 레오폴드 2세는 미국의 탐험가 스탠리에게 콩고를 탐험하도록 재정적 지원을 아끼지 않았어. 벨기에는 그것을 빌미로 1883년 콩고에 대한 영유권을 주장하고 나섰지. 이 사건 이후 30여 년 동안 유럽 세력은 아프리카를 자신들의 입맛에 맞게, 칼로 스테이크를 썰듯 잘라 내기 시작했어.

국경선을 결정하는 과정에서 정작 땅 주인인 아프리카 사람들의 민족, 언어, 종교 등의 지리적 분포는 고려하지 않았어. 그래서 오늘날 아프리카에서 내전이나 여러 갈등이 많이 발생하고 있는 거야. 서로 다른 민족이 한 국가에 살기도 하고, 같은 민족이 국경선을 사이에 두고 헤어진 경우도 많단다.

이런 질문을 할 수 있을 거야. 미국과 캐나다의 국경선과 주 경계선 역시 반듯한데 갈등이 없지 않냐고 말이야. 하지만 여기에도 역사 속으로 사라진 진실이 있어. 앵글로아메리카에 거주하던 원주민들이 백인들에 의해 대부분 제거되었다는 사실이야. 앵글로아메리카는 아프리카보다 더 비극적인 곳이야. 살아남은 원주민이 거의 없으니 갈등조차 발생할 수 없었던 거지.

아프리카 대륙의 국경선과 종족 분포선 아프리카의 국경은 유럽의 여러 나라가 마음대로 결정했어.

국가들은 왜 싸우는 걸까?

중국 여권에 실린 중국 지도를 보면 인도와 분쟁 중인 아커사이친과 아루나찰프라데시 지역이 중국 영토로 표시되어 있어. 게다가 시사 군도, 난사 군도 등 영유권 문제가 해결되지 않은 곳도 중국 영토로 표시되어 있어. 타이완은 물론이고 남중국해 일대의 바다에도 중국 영유권을 의미하는 점선을 그려 넣었지.

이렇게 중국은 분쟁 지역에 대한 속내를 지도 위에 드러냈고, 이에 대해 많은 국가가 불편해하고 있어. 특히 인도, 베트남, 필리핀, 말레이시아 사람들이 이 지도를 본다면 화가 날 거야.

이스라엘과 팔레스타인의 분쟁은 지구에서 가장 뿌리가 깊은 영토 분쟁 중 하나야. 로마 제국의 박해를 받던 유대인은 유럽 등지로 흩어졌어. 크리스트교를 믿는 유럽 지역에서 유대인들은 늘 핍박의 대상이었지. 십자군 전쟁, 세계 대전 등으로 사회가 혼란스러워질 때마다 유럽인들은 이교도인 유대인을 박해했어.

제2차 세계 대전 중 독일의 독재자 히틀러는 폴란드 남서부 아우슈비츠에 유대인 수용소를 세워 강제 노동을 시키고, 무려 400만 명을 학살했어. 유대인들은 나라를 세워야만 스스로를 지킬 수 있다고 생각했고, 제2차 세계 대전이 끝난 뒤에 2,000년 전 떠났던 고향인 팔레

중국의 영토 분쟁 중국은 아시아의 여러 국가와 영토 분쟁을 벌이고 있어.

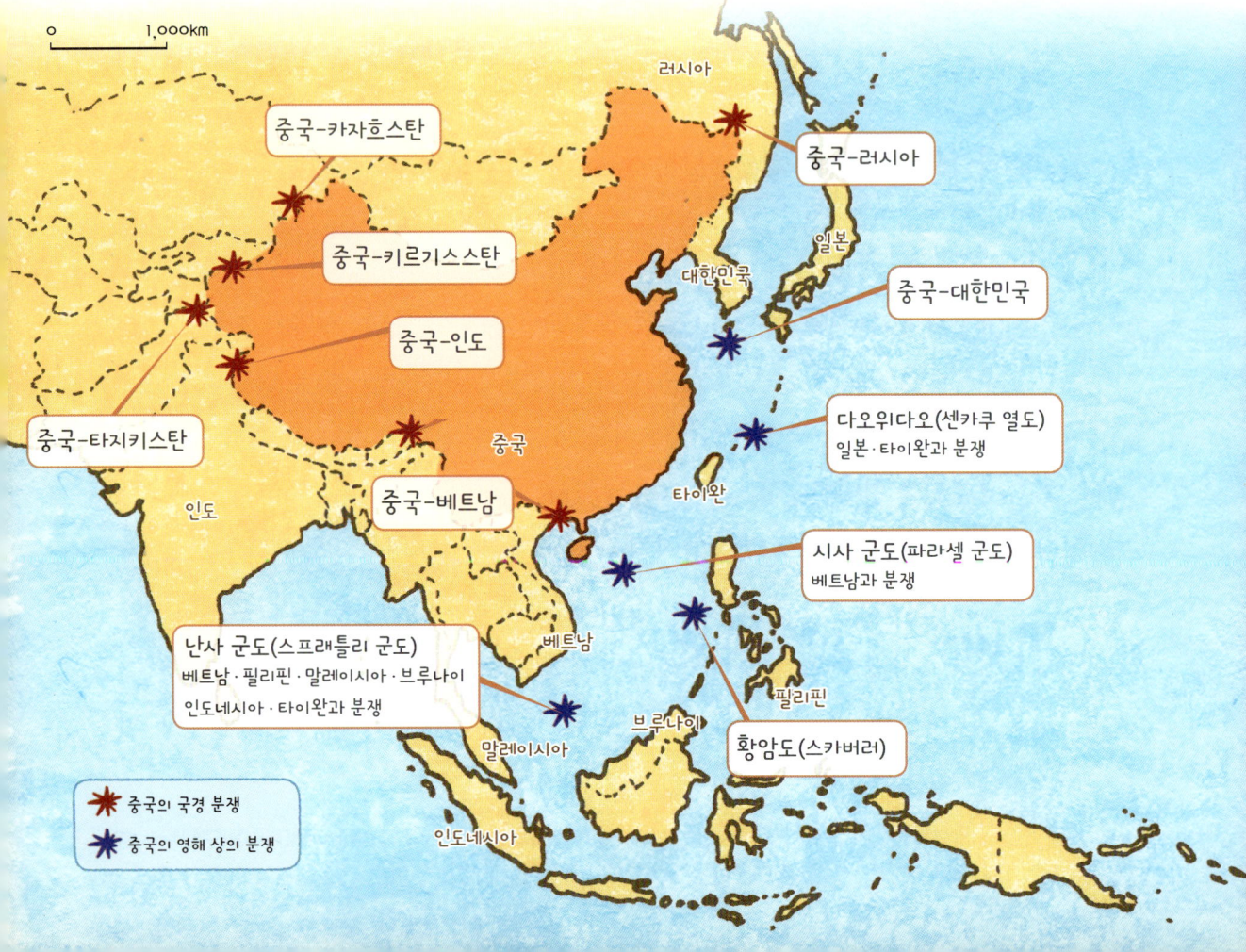

스타인 땅으로 돌아가 이스라엘을 건국했지. 이스라엘은 이미 그 땅에 살고 있던 팔레스타인 사람들을 내몰면서 영역을 확장했어.

유대인이 이스라엘을 세우는 데는 미국이 큰 도움을 주었어. 미국 사회의 각계각층에 유대인들이 자리를 잡고 있기 때문이야. 팔레스타인 도 이웃 국가들의 지원을 받았지만, 미국을 등에 업은 이스라엘에 대항하기에는 역부족이었어. 팔레스타인 사람들이 거주할 수 있는 지역은 점차 줄어서 이제 가자 지구와 서안 지구 등지만 남았어. 하지만 이 지역도 안전하지는 않아. 거리에는 늘 총성이 울리고 폭탄이 터지거든. 시도 때도 없이 전투가 벌어지기도 한단다.

이스라엘과 팔레스타인 분쟁 이스라엘과 팔레스타인은 계속된 무력 충돌로 갈등이 더욱 깊어지고 있어.

영토 분쟁이 끊이지 않는 이유

다음 지도는 삼국 시대부터 고려 시대에 이르기까지 우리나라 국경의 변화를 보여 주고 있어. 우리나라의 국경 변화가 이렇게 심했듯, 다른 나라의 국경도 변화를 거듭했어. 국경은 앞으로도 계속 바뀔 거란다. 국가도 생명체와 마찬가지로 탄생하고 성장하며 사라지기도 하는데, 그 과정에서 여러 분쟁이 발생하지.

땅을 둘러싼 국가들 간의 분쟁은 개인 사이의 분쟁과 비슷한 모습을 띤단다. 여러 국가가 땅의 소유권과 경계선을 두고 갈등하며 다투기도 하지. 땅의 소유권을 둘러싼 갈등은 땅이 어느 나라에 속하느냐와 관련된 분쟁이고, 땅의 경계선을 두고 이루어진 갈등은 땅을 어떻게 나누느냐와 관련된 분쟁이야.

영토 분쟁은 민족과 종교적 차이에서 비롯하기도 해. 유럽의 동남쪽 발칸 반도에 위치하던 유고슬라비아 연방은 1991년 구소련 체제가 붕괴된 이후 10여 년에 걸쳐 해체되었어. 유고슬라비아 연방 시기에

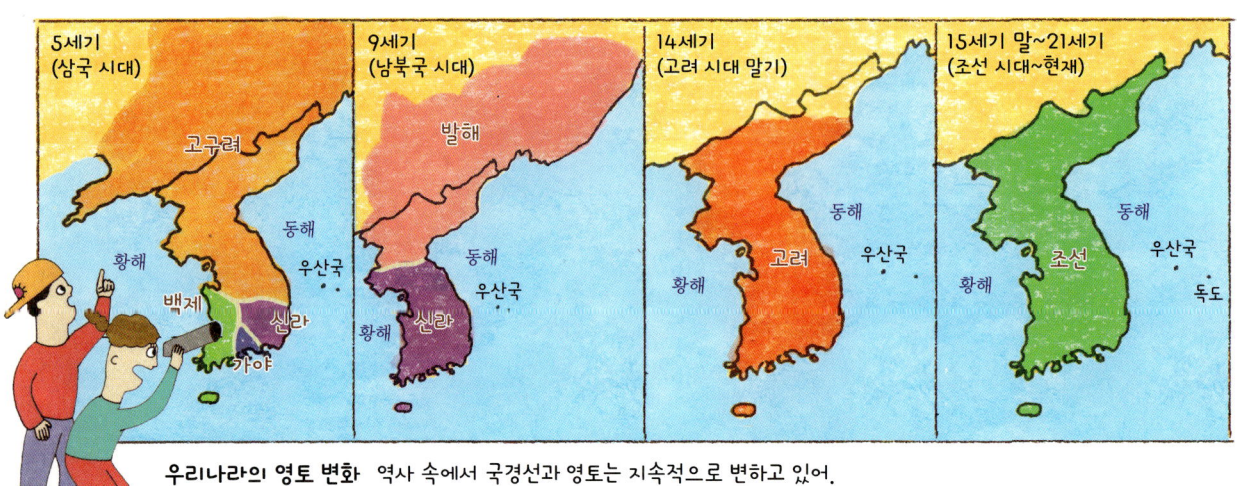

우리나라의 영토 변화   역사 속에서 국경선과 영토는 지속적으로 변하고 있어.

는 강압적 사회주의 체제였기 때문에 각 공화국의 민족 및 종교의 차이가 크게 부각되지 않았어. 하지만 사회주의 체제가 붕괴된 이후 지역 간 차이가 드러나기 시작했어. 그로 인해 유고슬라비아는 여러 나라로 나뉘었단다.

유고슬라비아 연방이 해체되는 과정에서 보스니아와 세르비아 사이에 참혹한 전쟁이 벌어졌고, 코소보가 독립하는 과정에서도 많은 사람이 희생당했어. 민족 간 '인종 청소'를 감행하기도 했지. 인종 청소란 상대 집단을 모두 제거하는 행위를 뜻해. 인종 청소는 자신들과 다른 집단은 절대 허용하지 않겠다는 인간의 오만에서 벌어지는 일이란다.

남중국해에 위치한 난사 군도에서도 분쟁이 일어나고 있어. 이곳의 갈등은 자원 때문에 벌어졌단다. 난사 군도는 산호초로 이루어진

남중국해의 영토 갈등 남중국해의 작은 섬들을 둘러싸고 이 지역의 자원을 확보하고자 여러 국가가 영토 분쟁을 벌이고 있어.

108개의 섬으로 구성되어 있는데, 위성 사진을 아무리 확대해 보아도 그 모습을 볼 수 없을 정도로 작은 섬이 대부분이야. 사람이 살기에도 어려운 곳이지. 그런 난사 군도를 두고 중국, 타이완, 베트남, 말레이시아, 필리핀, 브루나이 등이 갈등하고 있고, 미국도 한몫 거들고 있는 상황이야.

이렇게 여러 나라가 난사 군도를 두고 갈등하는 이유는 주변 바다에 매장되어 있는 막대한 양의 석유와 천연 가스 때문이야. 또한 남중국해 일대는 국제 안보 차원에서도 무척 중요한 곳이야. 그래서 이 조그만 섬들을 지배하려는 나라들은 군대를 파견하는 등 서로를 긴장시키며 대립하고 있단다.

중국은 강력한 군사력을 바탕으로 난사 군도와 시사 군도 일대를 장악해 나가고 있어. 중국 정부는 2012년 7월, 약 600명의 어민이 거주하는 이 지역을 중국 하이난 섬 소속의 싼사 시로 만들었어. 그리고 수시로 항공모함을 띄워 강한 힘을 과시하기도 했지.

독도 영유권에 시비 거는 일본

〈독도는 우리 땅〉이라는 노래를 들어 봤니? 아빠는 이 노래 덕분에 "경상북도 울릉군 남면 도동 1번지, 동경 132 북위 37"이라는 독도의 주소와 경위도를 익히게 되었단다.

독도는 2개의 화산섬과 그에 딸려 있는 여러 개의 암초로 이루어진 섬이야. 작은 섬이지만 독도가 지니는 의미는 매우 커. 독도는 우리나라의 가장 동쪽에 위치한 섬으로, 우리나라에서 해가 가장 빨리 뜨는 곳이란다.

독도를 둘러싸고 우리나라와 일본은 영유권 분쟁을 벌이고 있어. 언젠가 일본 국회 의원들이 독도가 자기네 땅이라고 우기면서 독도를 방문하려고 한 적이 있어. 그런데 그들이 독도에 이르고자 한 경로가 매우 재미있어. 그들은 인천 국제공항으로 우리나라에 입국한 뒤 다시 육로와 해로를 거쳐 독도에 가려고 했지. 일본 국회 의원들이 독도가 자기네 땅이 아니라는 것을 몸소 증명하려고 온 것은 아닐까 하는 생각이 들었어.

독도에 대해 좀 더 깊이 알아볼까? 독도가 우리나라 땅이 된 것은 언제일까? 신라 시대 지증왕 13년(512), 이사부는 오늘날의 강릉 지역인 하슬라주의 군주가 되어 우산국을 정복하려고 했어. 우산국은 울릉도에 있던 아주 작은 나라야. 이사부가 나무로 맹수를 만들어 "항복

독도 독도는 2개의 섬과 여러 개의 암초로 이루어진 섬으로, 우리나라의 가장 동쪽에 위치해.

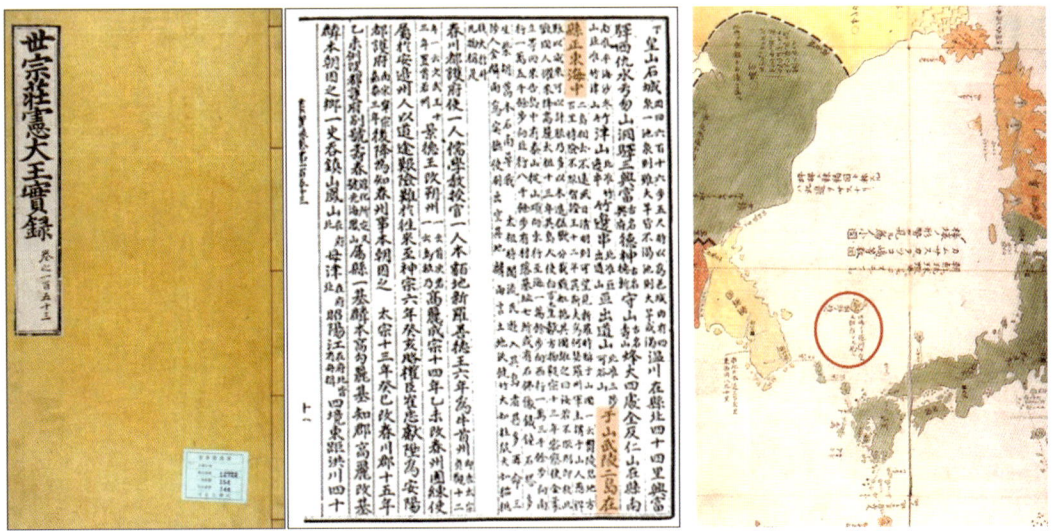

독도의 기록 독도가 우리 땅이라는 기록이 실린 《세종실록지리지》(왼쪽)와 〈삼국접양지도〉(오른쪽)야.

하지 않으면 맹수들을 풀어 밟아 죽이겠다."고 위협하자 우산국 사람들은 즉시 항복했다고 해.

《세종실록지리지》를 보면, "우산과 무릉 두 섬이 현(울진)의 정동쪽 바다 가운데에 있고 서로 거리가 멀지 않아 청명한 날에는 볼 수 있다. 신라 때는 이 두 섬을 우산국 또는 울릉도라 하였는데……"라고 적힌 기록이 있어. 학자들은 이 기록에서 우산을 독도로 보고, 무릉을 울릉도로 보고 있어. 맑은 날이면 울릉도의 내수전에 위치한 관광 전망대에서 독도의 모습을 뚜렷하게 볼 수 있단다.

독도가 우리나라 땅이라는 증거는 일본 측의 역사 자료에서도 찾아볼 수 있어. 대표적인 자료가 일본의 실학자 하야이 시에시가 제작한 〈삼국접양지도〉야. 지도에 우리나라의 영토는 살구색으로 칠해져 있는데 동해의 두 섬, 곧 울릉도와 독도 역시 살구색으로 채워져 있지. 게다가 지도에 '울릉도와 독도는 조선의 것'이라고 기록되어 있단다.

역사적 기록도 중요하지만, 그보다 더 중요한 것은 실효 지배야.

실효 지배란 어떤 정부가 특정 영토를 실제로 통치하고 있는 것을 말해. 우리나라는 실제로 독도를 통치하고, 독도에 대한 확고한 영토 주권을 행사하고 있단다. 우리나라 경찰이 독도를 지키고 있으니 독도가 우리나라 땅이라는 이야기지. 독도에서 우리나라의 휴대 전화가 터지니까 독도는 우리 땅이라고 하던 광고의 내용도 그럴듯하다고 생각해.

억지로 우기면 정말 곤란해

일본이 우리나라를 비롯해 여러 국가와 영유권 분쟁을 벌이고 있는 까닭은 여러 가지 이익이 걸려 있기 때문이야.

우리가 이미 앞에서 살펴본 경제 수역의 개념으로 독도 문제를 생각해 볼까? 일본이 독도를 자기네 땅이라고 우기는 이유는 독도 주변 바다에 대한 욕심 때문이라고 할 수 있어.

독도 주변 바다는 따뜻한 물인 난류와 차가운 물인 한류가 교차해서 흐르기 때문에 물고기가 많이 사는 조경 수역이야. 한류와 난류가 만나면 한류가 난류 아래쪽으로 이동하면서 바닷물이 섞이는데, 이 과정에서 물에 산소가 많이 녹아들고 플랑크톤이 풍부해져. 독도 주변 바다에서는 한류성 어종인 대구와 명태가 많이 잡히고, 난류성 어종인 오징어와 꽁치, 고등어 등도 잘 잡혀.

독도 해저에는 '불타는 얼음'이라고 불리는 가스 하이드레이트도 많아. 가스 하이드레이트는 낮은 온도와 높은 압력에서 가스와 물이

가스 하이드레이트 독도 부근 바다에 분포하는 에너지원으로, '불타는 얼음'이라고 불려.

결합하여 형성되는 고체 에너지야. 가스 하이드레이트를 깊은 바다에서 건져 올리면 물과 가스로 분리되는데, 이 가스를 에너지로 이용할 수 있어. 가스 하이드레이트는 매장량이 많고 대기 오염에 대한 염려가 없어 차세대 에너지로 관심을 받고 있단다. 일본은 이러한 이익을 노리고 독도를 차지하려는 거야.

영국인이 뉴질랜드에 도착했을 때, 그 땅에 살고 있던 마오리족이 영국인에게 "이 땅의 주인은 새와 바람과 구름"이라고 말했다고 해. 우리 섬 독도도 그 누구의 소유이기 이전에 자연의 일부야. 영유권 분쟁으로 매우 뜨거운 섬이지만, 실제로는 매우 조용한 섬이지. 바람에 민들레꽃이 흔들리고 괭이갈매기가 날갯짓을 하는 곳이란다. 독도 문제가 하루빨리 해결되어 독도가 사람들의 입에서 오르내리지 않는 평화로운 섬이 되었으면 해.

의미 깊은 땅, 간도

우리는 한반도 북쪽에 있는 땅을 '만주'라고 불러. 만주는 고조선, 고구려, 발해 시대까지 우리나라의 영토였어. 게다가 이곳에는 우리 동포인 조선족이 살고 있어. 일제 강점기에는 우리 독립군이 이곳에서 항일 무장 투쟁을 벌이기도 했고, 윤동주 시인의 고향도 이 지역에 있어.

만주 지역 중 우리나라에 가까운 땅을 '간도'라고 불러. 간도 지역은 중국의 변방이면서 우리나라의 변방이었기 때문에 조선 시대에는 어느 나라의 땅이었다고 명확히 말할 수 없었어. 간도 지역이 공식적으로 중국

간도 지역 과거 우리 민족이 활동했던 한반도 북쪽에 위치한 땅이야.

땅이 된 것은 간도 협약 때문이야. 1909년에 이루어진 간도 협약은 우리나라가 외교권을 상실한 상태에서 일본과 중국 사이에 이루어진 협약이야. 우리로서는 억울하기 짝이 없는 일이지.

동북아시아 역사에서 간도는 한때 거칠고 쓸모없는 땅이라는 취급을 받기도 했지만, 동북아시아 지역이 성장하면서부터 경제 중심지로 떠오르고 있어. 간도를 우리 땅이라고 무작정 주장하기보다는 우리나라 청년들이 간도에 더 많이 진출하고 다양한 활동을 펼쳐 나간다면, 언젠가 간도를 되찾을 수 있을 거야.

바닷길로 이어진 거문도와 울릉도, 그리고 독도

나는 거문도에 사는 할아버지란다. 너희에게 이 특별한 섬 거문도를 소개해 주고 싶구나. 거문도는 남해에 위치한 외딴섬이야. 이곳에 살던 우리 조상님들은 섬을 벗어나 황해로, 동해로 진출했지. 거문도는 바위로 이루어진 섬이라서 농사 지을 땅도 부족하고, 나무를 구하기도 어려웠기 때문이란다.

일찍이 우리 조상들은 배를 타고 장사에 나섰어. 서해안의 장산곶이나 군산, 영산강변의 영산포 등지에서 쌀을 사서 남해안과 동해안을 돌아 원산과 강릉 지역에 팔기도 했지. 옛날에는 육로가 무척 험했기 때문에 바닷길로 더 많이 다녔단다.

거문도 사람들은 아주 옛날부터 울릉도를 알고 있었지. 원산에 다녀오다가 표류해서 바람과 해류를 따라 떠다니다가 도착한 곳이 울릉도였다고 하는구나. 울릉도는 나무가 울창하던 섬이어서 언젠가부터 거문도 사람들은 부족한 나무를 울릉도에서 가져다 썼지.

도로 교통이 발달하고 남북이 분단되면서 거문도 사람들의 쌀장사는 끝이 났어. 하지만 이후에도 거문도 사람들은 울릉도에서 나무를 해 왔지. 거문도에서 어렵사리 항해를 해서 울산에 도착하면 바람이 적당한 날을 골라 울릉도로 향했어. 울릉도에 있는 나무 두 그루만 잘라도 배 한 척을 만들 수 있었으니, 울릉도는 보물섬 같았겠지.

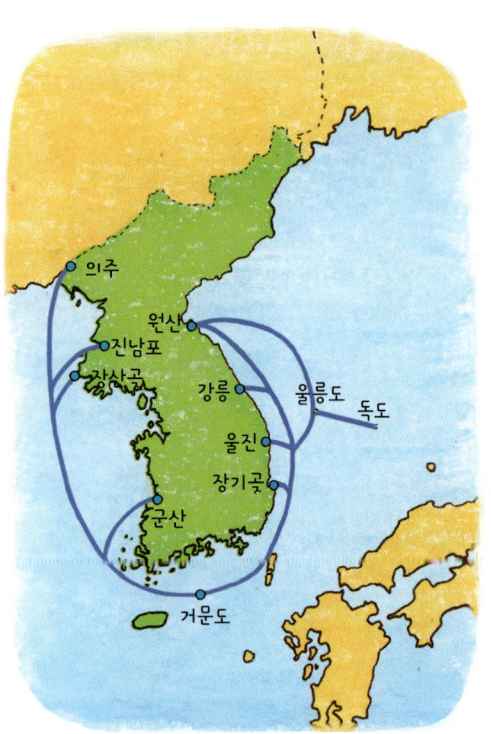

거문도 어부들의 항로

울릉도에서 거문도로 돌아오는 길에는 독도에 들르는 일도 많았단다. 독도에서는 오늘날 물개라고 부르는 강치를 잡아서 가죽과 기름을 얻었다는구나. 내가 가지고 있는 이 담배 쌈지도 강치 가죽으로 만든 거지.
　이곳 거문도에는 울릉도에서 베어 온 노간주나무로 만든 집이 많아. 집집마다 있는 홍두깨도 노간주나무로 만들었지. 이렇게 거문도에는 울릉도와 독도를 비롯한 한반도 각지에서 온 조상들의 물건이 아직도 많이 남아 있단다.
　거문도 사람들이 독도를 쉽게 오갔던 것처럼, 우리의 후손들도 독도를 마음대로 오갈 수 있겠지!

전라남도 여수시 거문도의 전경

북한, 또 다른 절반

분단국가와 통일

서울 시청에서 북한 개성의 중심지까지는 57km에 불과해. 서울에서 개성에 이르는 직선 도로가 놓인다면 자동차로 겨우 1시간 남짓 걸리는 매우 가까운 거리지. 아빠는 우리나라에서 멀리 떨어져 있는 나라들을 두루 다녔지만, 1시간 거리에 있는 북한은 가 보지 못했어. 무척 슬픈 일이지.

대학 시절 강원도의 전방 군부대에서 경계 근무를 선 적이 있어. 바로 눈앞이 비무장 지대(DMZ)였는데, 북한 땅이 눈앞에 있다는 사실이 믿기지 않았단다. 3월 초였는데도 매우 추웠고, 밤이 되니 으스스하기까지 했어. 우리의 뜨거운 반쪽이 눈앞에 있는데도 왠지 쓸쓸하다는 느낌이 들더구나.

아빠는 우리나라가 빨리 통일이 되었으면 좋겠어. 왜 통일이 되어야 하냐고? 우리는 원래 한 민족이기 때문이야. 여러 민족이 하나의 나라를 이루고 사는 경우는 많지만, 하나의 민족이 둘로 나뉘어 사는 경우는 드물거든.

　통일이 되면 남북한의 갈등과 대립 때문에 발생하는 분단 비용이 들지 않아. 분단 비용을 민족이 함께 잘사는 데 사용할 수 있지. 통일은 정치적·군사적 긴장을 완화시키는 데도 도움이 돼. 일부 강대국과 정치 세력은 남북한의 분단 상황을 정치적으로 이용하고 있는데, 통일이 되면 이런 일들도 사라질 거야.

　친구와 다투었다고 생각해 봐. 불편하다고 해서 서로 피하기만 하면 감정의 골은 점점 깊어질 뿐이야. 이런저런 쓸모없는 생각도 많아지고, 오해도 커지면서 상황이 복잡해지지. 이럴 때 친구와 진심 어린 대화를 하면 오해를 풀고 잘 지낼 수 있듯이, 남북한의 관계도 그래야 한다고 생각해.

빗장을 풀고 모기장을 친 북한

북한에서는 콜라를 '코코아 탄산 단물'이라고 하고, 햄버거는 '고기 겹빵'이라고 불러. 최근 북한의 친구들도 햄버거와 콜라를 먹을 수 있게 되었단다. 콜라와 햄버거가 북한에 상륙했다니 신기한 일이야. 북한 사람들은 미국과 미국 문화를 싫어하거든. 그런데 북한 사람들이 콜라와 햄버거를 먹기 시작한 이유는 무엇일까? 북한은 왜 빗장을 열기 시작했을까?

북한은 폐쇄적인 사회주의 경제 정책을 유지해 왔어. 그런데 1990년대 전후로 구소련과 동유럽의 사회주의 국가들이 경제를 개방하면서 북한은 정치적·경제적으로 고립되었어. 홍수와 가뭄 등 자연재해도 자주 발생하면서 경제 형편이 더욱 어려워졌지. 한편 북한의 이웃 나

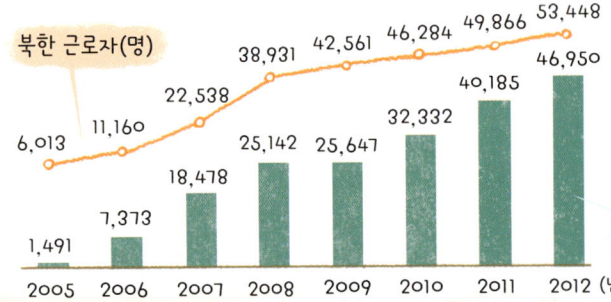

개성 공단 생산액 및 북한 근로자 현황
개성 공단은 남한의 자본 및 기술과 북한의 노동력이 결합되어 있는 곳이야.

라 중국은 경제를 개방한 뒤 급격한 경제 성장을 이루었단다. 상황이 이렇게 되니 북한도 개방 정책을 실시할 수밖에 없었어.

북한의 개방을 흔히 '모기장식 개방'이라고 해. 외국의 자본은 들여오되, 북한 사회를 뒤흔들 수 있는 자본주의 요소는 들어오지 못하도록 막는 거지. 그래서 북한은 심장부인 평양에서 멀리 떨어진 지역부터 먼저 개방했어.

북한의 개방 지역은 나선 경제 특구, 개성 공업 지구, 금강산 관광 지구, 신의주 특별 행정구 등이야. 1991년, 함경도에 위치한 나선 경제 특구를 제일 먼저 개방했지만 큰 성과는 없었어. 이후 북한은 금강산 관광 지구를 개발해 남한 관광객을 유치했어. 또한 개성시 일대에 공업 지구를 조성해 남한의 기업들을 받아들였지. 개성 공업 지구는 남한의 자본과 기술이 북한의 노동력과 잘 결합되어 지속적으로 성장하고 있는 지역이야.

한민족의 얼이 살아 숨 쉬는 백두산

백두산은 해발 고도 2,744m로 우리나라에서 가장 높은 산이야. 여의도에 있는 63빌딩의 높이가 264m이니까 백두산이 63빌딩보다 10배 이상 높은 거지. 백두산은 화산 폭발로 만들어졌어. 백두산의 산자락은 우리나라의 지붕인 개마고원으로 연결돼.

백두산의 꼭대기 부분은 경사가 급하고 밝은 빛깔의 암석이 분포하지. 백두산 꼭대기에는 '천지'라는 연못이 있는데, '하늘 연못'이라는 뜻의 이 연못은 칼데라 호란다. 칼데라는 화산 폭발로 형성된 화구가 무너져 내려서 생겨난 분지야. 칼데라에 물이 고이면 칼데라 호가 되는 거지. 그렇다면 백두산 천지는 얼마나 클까? 천지의 둘레는 약 14.4km이고, 넓이는 서울의 여의도와 비슷해. 엄청나게 큰 호수지?

백두산은 한민족에게 성스러운 산이야. 우리 조상들은 모든 산줄기가 백두산에서 뻗어 내려왔다고 생각했어. 조상들의 생각대로라면 백두산의 기운이 산줄기를 따라 전국 방방곡곡의 산까지 그 기운이 뻗치는 거야. 마치 우리 몸속에 있는 모든 핏줄이 심장과 연결되어 있는 것처럼 말이야.

백두산 자락은 비교적 평평하고 검은색의 현무암이 분포해. 백두산과 이어진 개마고원의 평균 해발 고도는 1,300m나 돼. 그래서 개마고원을 '우리나라의 지붕'이라고 부르는 거야. 아빠는 통일이 되면 개마고원으로 여름 휴가를 가 보고 싶어. 해발 고도가 높아질수록 기온은 낮아지기 때문에 개마고원의 고지대는 한여름에도 가을처럼 시원할 거야.

백두산 천지의 형성 과정 백두산은 화산 지형이야. 백두산 정상부에 위치한 천지는 화산이 폭발한 다음 화구가 다시 폭발하거나 무너져 내린 곳에 물이 고여 형성된 칼데라 호란다.

최근 백두산이 폭발할지 모른다는 뉴스가 들려오고 있어. 발해가 멸망한 이유가 백두산 폭발 때문이라는 이야기도 있고, 실제로 1903년에도 백두산에서 소규모 폭발이 일어났다고 해. 최근 골짜기에서 화산 가스가 분출해서 나무들이 말라죽고, 백두산 일대에서 작은 규모의 지진이 자주 일어나는 등 백두산의 폭발 징후가 늘고 있어. 백두산이 폭발하면 인근 지역은 물론, 멀리 떨어져 있는 일본 열도 등지까지도 많은 피해가 발생할 거야.

비무장 지대를 평화의 땅으로

비무장 지대는 남한과 북한 간 경계선에 위치한 좁고 긴 땅이야. 1953년에 생겨난 휴전선을 중심으로 남북으로 약 2km, 곧 4km 폭의 지역이 비무장 지대란다. '비무장 지대'는 무기를 가질 수 없는 지역이라는 뜻이야. 남한과 북한의 우발적 충돌을 막기 위해 설치한 곳이지.

비무장 지대는 황해도의 예성강과 한강 어귀의 교동도에서 시작하여 개성 남쪽의 판문점을 지나 강원도 철원, 양구, 인제를 거쳐 동해안 고성에 이르는데, 그 길이가 무려 249km나 된단다.

비무장 지대는 대부분 사람의 발길이 닿지 않는 곳이지만, 비무장 지대 안에는 대성동이라는 마을도 있어. 이 마을에 사는 사람들은 세금을 내지 않아도 되고, 병역의 의무를 지지 않아도 돼. 하지만 북한이 코앞에 있기 때문에 정치적·군사적 긴장이 발생할 때마다 주민들은 무척 불안할 수밖에 없어.

비무장 지대 휴전선을 따라 위치한 비무장 지대는 자연환경이 잘 보존된 곳으로, 생명 평화 지대라고도 할 수 있어.

    60여 년 동안 사람의 발길이 닿지 않은 비무장 지대의 자연환경은 세계에서 가장 깨끗한 수준이라고 해. 비무장 지대는 생태적 가치가 높은 곳이야. 높은 산과 맑은 호수가 있고, 깨끗한 물이 흐르는 하천 옆에는 비옥한 들판도 펼쳐져 있지. 이러한 자연환경에서 사향노루를 비롯해 희귀한 야생 동물과 식물이 서식하고 있어. 그래서 정부는 비무장 지대를 세계 문화유산이나 지리 공원으로 등재하기 위해 노력하고 있단다.

    우리나라는 전 세계에서 유일한 분단국가야. 분단의 현장이 비무장 지대 일대이고. 그래서 비무장 지대를 평화를 구축하는 평화의 지대로 바꾸어야 한다는 목소리가 높아. 아빠도 비무장 지대가 평화의 지대로 바뀌면 좋겠어. 통일된 뒤에도 분단과 갈등의 상징물인 철조망을 일부 남겨서 평화를 염원하는 세계인들의 순례 장소가 되면 더욱 좋을 거야.

우리의 소원은 평화로운 통일

〈우리의 소원은 통일〉은 남한 사람과 북한 사람이 모두 같은 마음으로 부르는 노래일 거야. 그만큼 우리 민족에게 통일은 절실하다는 의미겠지. 아빠는 이 노래를 부를 때마다 가슴이 뭉클해. 그런데 요즘 젊은이들 중에는 통일에 반대하는 사람이 많다고 해.

서울의 어느 대학교의 학생들을 대상으로 조사하니 찬성과 반대 의견이 반반이라는 결과가 나왔다고 해. 통일에 찬성하는 사람들은 통일이 되면 국력이 강해지고 민족이 하나가 될 수 있다고 이야기했어. 반면 통일에 반대한 사람들은 통일 비용이 많이 든다는 점, 남북 문화

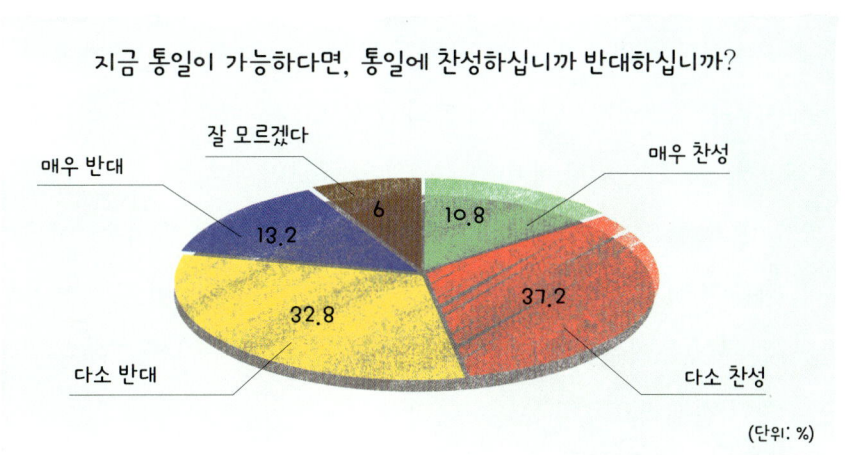

가 매우 달라서 화합하기 어려울 거라는 점 등을 지적했지.

아빠는 물론 통일을 원하지만 무엇보다 평화가 뒷받침되어야 한다고 생각해. 통일을 이루기 위해 전쟁을 한다면 소중한 생명을 잃을 뿐 아니라, 수십 년 동안 다져 온 경제적 기반까지 무너지기 때문이지.

분단 상태에서는 남한과 북한 간 정치적 갈등과 군사적 긴장이 지속될 수밖에 없으므로 평화를 이루기 힘들어. 따라서 우리 민족이 진정한 평화를 얻으려면 반드시 통일을 이루어야 해. 물론 통일의 과정은 평화로워야 하고, 통일의 결과는 남한과 북한 주민 모두에게 이득이 되어야 해.

통일이 되어야 하는 진짜 이유

통일이 되어야 하는 이유를 들자면 매우 많아. 정치적으로 보면 남북한의 대립과 갈등은 우리 민족의 힘을 소모시킬 뿐 아니라, 남북 분단은 한반도와 동아시아 지역의 평화와 번영에도 걸림돌이 되고 있어. 경제적 측면에서도 통일은 필요해. 남한과 북한은 분단으로 인해 매년 막대한 군사비를 지출하고 있어. 남한의 군사비 지출 순위는 세계 10위권에 해당해. 국토 및 인구에 비해 지출액의 규모가 무척 큰 편이야.

만약 통일이 된다면 남북한이 하나 되는 과정에서 쓰이는, 이른바 통일 비용이 적지 않게 들 거야. 하지만 통일 비용은 한 번 드는 비용인 반면, 분단에 쓰이는 비용은 지속적으로 드는 비용이기 때문에 통일이 되는 쪽이 경제적으로도 유리하단다.

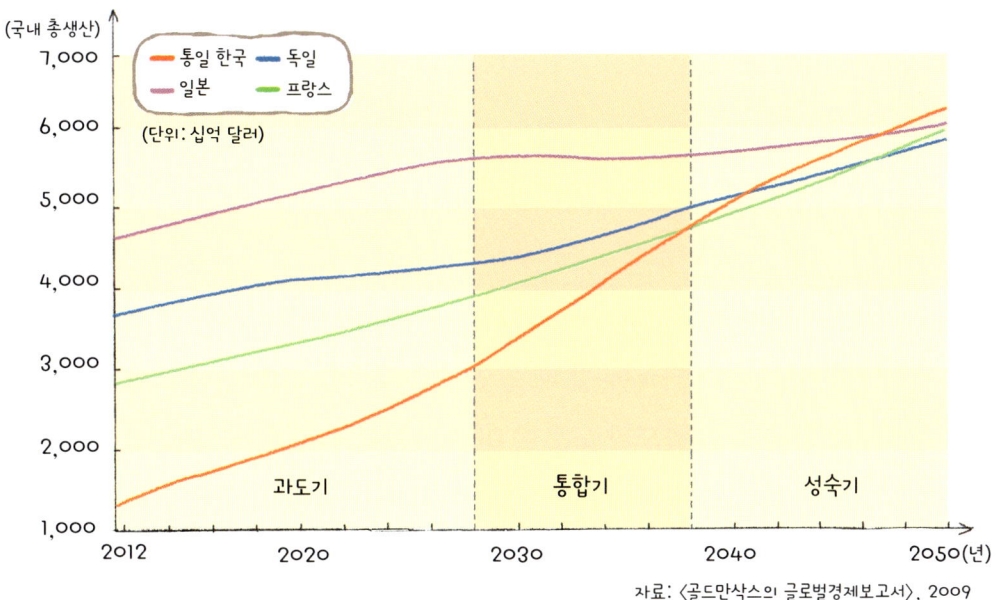

통일 한국의 경제적 이점 골드만삭스는 우리나라가 통일되면 30~40년 뒤 프랑스, 독일, 일본의 국내 총생산을 추월할 것이라고 예측했어.

　세계적인 투자 회사인 미국의 골드만삭스는 한반도가 통일되면 통일 한국의 경제 규모가 30~40년 내에 일본, 독일, 프랑스를 추월할 것이라고 전망했어. 특히 골드만삭스는 남한의 기술과 자본을 북한의 풍부한 노동력 및 지하자원과 결합할 수 있다는 점에 주목했어. 통일이 되어 인구가 증가하면 국내 시장이 확대되고, 북한 지역의 풍부한 자원을 활용하면 통일 초기 연평균 7%의 경제 성장을 이룰 수 있다고 본 거야. 통일은 경제 성장 동력이 약화되고 있는 남한과, 경제적 상황이 어려운 북한 모두에게 새로운 성장 동력이 될 수 있다는 이야기란다.

　통일이 되면 이산가족의 아픔도 해소될 거야. 남북한은 여러 차례 이산가족이 만날 수 있는 기회를 제공했지만, 그래도 아직 가족을 만나지 못하고 있는 사람이 많아. 분단 상황이 오랫동안 이어지면서 사랑하는 가족을 만나지 못하고 돌아가시는 할머니와 할아버지가 많아지고 있어. 통일이 된다면 이러한 이산가족의 슬픔을 달랠 수 있을 거야.

통일은 지리적으로도 필요해. 남한은 분단으로 인해 섬 아닌 섬나라가 되었어. 우리는 외국에 갈 때 당연히 비행기를 타야 한다고 생각하지만, 통일이 되면 철도나 도로를 이용해 중국과 러시아, 그리고 유럽에도 갈 수 있어. 한편 북한은 동해와 황해 사이의 바닷길이 끊겨 바다를 이용하기 어려워진 상태야. 통일이 되면 우리나라는 반도국으로서의 지리적 이점을 잘 살릴 수 있을 거야.

통일이 되면 무엇을 하고 싶니? 청년들이 만든 UCC를 보면 재미있는 내용이 많아. 대동강 하구에 위치한 남포에 공장을 세우겠다는 친구도 있고, 개마고원에 신재생 에너지 센터를 만들겠다는 친구도 있어. 아빠는 통일이 되면 북한 학생들에게 지리를 가르쳐 보고 싶어.

제4차 국토 계획의 발전축 제4차 국토 계획에서는 남북한을 연계한 국토 발전을 추구하고 있어.

통일이 언제 될지는 알 수 없지만, 통일 이후의 국토 공간을 미리 생각해 보는 것은 중요해. 우리나라는 1970년대 초반부터 국토 개발을 해 왔어. 2000년 시행된 제4차 국토 계획에는 통일 국토에 대한 밑그림이 그려졌어. 지도를 보면 통일 이후 우리 국토가 어떻게 변할지를 생각해 볼 수 있어.

통일 이후의 국토는 다양한 상호 보완이 이루어지는 공간이 될 거야. 남한의 자본과 북한의 자원이 결합하고, 남한 지역에는 첨단 산업을 발전시키고, 북한 지역에는 경공업과 중화학 공업을 육성할 수 있어. 또한 남한의 인구 고령화 문제도 완화될 거야. 또한 중국과 러시아 등의 대륙으로 쉽게 진출할 수 있고, 시베리아와 몽골 지역의 자원도 잘 활용할 수 있게 될 거야.

 # 북한 사람들은 왜 굶주릴까?

 아빠, 오늘 선생님께서 북한의 가난한 아이들에 대한 이야기를 들려주셨어요. 그들의 안타까운 이야기를 들으면서 왜 북한 아이들이 굶주리고 있는지 궁금해졌어요. 북한은 농사가 잘되지 않나요?

북한의 자연환경은 농사짓기에 불리하단다. 남한에 비해 산지가 많고, 들판이 적기 때문이지. 게다가 북쪽에 위치해서 기후도 냉량한 편이야. 그래서 농사 지을 수 있는 기간이 더 짧지.

 북한 인구는 남한 인구의 절반 정도라던데, 그래도 식량이 부족해요?

북한은 자연환경이 불리하지만 인구가 적어 식량이 부족하지는 않았어. 북한의 식량이 부족해진 건 1990년대 이후부터야.

 그럼, 무엇 때문에 북한 사람들이 굶주리기 시작했나요?

북한은 자립적 경제 노선을 강조한단다. 다른 나라와 교역을 하지 않고, 스스로 살아가야 한다고 생각하는 거지. 그래서 농업 생산력을 높이려고 산지 꼭대기에까지 '다락밭'을 만드는 등 여러 노력을 했지만 실패하고 말았어.

북한의 다락밭

다락밭이 뭐죠?

산지에 만든 계단 형태의 밭을 일컫는 말이야. 다락밭은 처음에는 농업 생산량을 늘리는 데 도움이 되었지만, 홍수에 무척 약했어. 비가 내리면 밭의 흙이 쓸려 내려가 강으로 들어가고, 강바닥이 높아지면서 물이 넘치는 거야. 다시 말해 산지에서는 토양이 침식되고, 평야에서는 홍수가 난 거지. 그래서 남한과 북한에 같은 양의 비가 내려도 북한이 더 큰 피해를 입는 거란다.

북한의 농산물 생산량을 늘리기 위해서는 우선 숲을 조성해서 홍수를 막아야 하겠군요!

홍수로 물에 잠긴 북한 서해안의 마을 2012년 7월, 북한에 발생한 홍수로 88명이 사망했고, 6만 3,000여 명의 이재민이 발생했어.

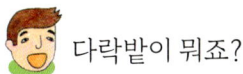

찾아보기

ㄱ

가스 하이드레이트 239, 240
가톨릭교 26, 108, 135, 141
간도 240, 241
간척 사업 229
강제적 이동 24
강화도 229
개발 도상국 33, 44, 45, 62, 63, 164~166, 177~181
거문도 242, 243
고레 섬 27~29
고령화 41, 43, 51
고령화 문제 39, 40, 49~51, 255
고령화 사회 39, 40, 50
고령화율 50
고유문화 127
고차 도시 71
곡물 메이저 162~164, 166
골드만삭스 252, 253
공정 무역 181
과천시 94, 95
광주광역시 196, 197
광화문 76, 77, 82
국내 총생산(GDP) 152, 174
국제 노동 기구(ILO) 183
국제 연합(UN) 127, 216
국제 통화 기금(IMF) 156, 166
그린벨트 82, 83

ㄴ

나일 강 17
난사 군도 231, 232, 235, 236
남수단 135, 136, 216
남중국해 231, 235
네슬레 151
노년 부양비 40, 41
노년 인구 41, 51
논 102, 103
뉴욕 15, 74, 135, 204, 208, 209

ㄷ

다국적 기업 148~157, 158, 162, 164, 167
다락밭 256, 257
대륙붕 223, 224
대체 출산율 42, 47, 48
대한 해협 220, 221
데미안 라이스 118
도시 경관 74, 104, 108
도시 내부 구조 83
도시 분포 67, 68
도시 체계 71
도시적 삶의 방식 61
도시화 56~69
도심 74~76, 81~83, 84, 154
독도 218~220, 225, 226, 236~240
독일 32, 50, 51, 178, 192~194

ㄹ

라틴 아메리카 26, 110, 113, 125
라틴족 26, 108
랜드마크 74
러시아워 88
로마 클럽 36, 37
롱랏 105
룹알할리 사막 14

ㅁ

마천루 74
만주 240, 241
말가이 102, 103
맥도날드 116, 117
맬서스 36
목탑 111, 112
문화 경관 104~107, 121
문화 융합 120
문화적 갈등 125
물 발자국 172, 173
뭄바이 128, 129

ㅂ

바스쿠 다 가마 25
바티칸 시국 216, 221, 222
발리 109, 110
배출 요인 23, 24
배타적 경제 수역 223~225, 228
백두산 247~249
벨기에 137, 222
볼리우드 영화 128, 129
부도심 83
부르카 125
분단 비용 245
불교 111, 112, 134, 140
불균형 36, 125, 175, 181

불평등 174, 177~179
브릭스(BRICS) 222
비무장 지대(DMZ) 244, 249, 250
비빔밥 200, 201, 201~203
비자발적 이동 24, 25
빗장 동네 98, 99

ㅅ

사하라 사막 13
사회의 질(Social Quality) 94
산업 구조 62, 63
산업화 18, 63, 66, 89, 188
삶의 질 88~95, 176, 189, 192, 196
삼국접양지도 238
생태 186~195
샤프카 102, 103
서래마을 144, 145
서울 56, 57, 65, 67, 68, 75~78,
서유럽 14, 15, 125, 127, 210
서촌 86, 87
석탑 111, 112
선진국 39~43, 62, 63, 91, 165, 166, 177~180
성남시 65
성장 한계 37
세계 무역 기구(WTO) 152, 210
세계은행 44, 166
세계화 116~119, 122~127, 156, 168, 169, 202~204
세네갈 27

세종실록지리지 238
솜브레로 102, 103
순천시 190, 195
스리랑카 33, 134
스마트폰 158, 159
슬로시티 188
슬로푸드 188
시애틀 186, 187
신토불이 161
실크해트 102, 103
싱가포르 30, 142, 143, 153, 222

ㅇ

아랍족 108
아야 소피아 130~132
아웅산 수치 118
아잔 133
아트밸리 206
아프리카 44, 45, 163, 164, 169, 230, 231
안동 64~66
애그플레이션 170, 171
앵글로 아메리카 26, 176, 231
에너지 워킹(실무) 그룹 193
에커른푀르데 192, 193
에티오피아 178~180
연방 국가 217
영공 218~220
영역 218~219
영토 218, 219, 221, 222, 230~235, 238, 239
영토 분쟁 232, 234, 235

영해 218~221, 223~226
오클랜드 88, 90, 91
울릉도 218, 219, 238, 242, 243
웨일스 217, 218
웰시 217
위성도시 67, 83
유고슬라비아 연방 234, 235
유교 64, 132, 140
유니세프(UNICEF) 45, 46
유대인 232, 233
유소년 인구 41
유엔 개발 계획(UNDP) 174, 176
은평 뉴타운 198, 199
이산가족 253, 254
이스라엘 232, 233
이스탄불 130, 131
이슬람교 32, 108, 109, 125, 134~136
이어도 227, 228
2.1 연구소 48
이집트 16, 17
이촌 향도 18, 62
인간 개발 지수(HDI) 176
인구 과잉 38, 63
인구 문제 36~38
인구 밀도 59, 164
인구 밀집 12~19
인구 부양력 14
인구 분포 59, 164
인구 이동 22~33, 71, 126
인구 희박 13, 14, 16
인왕제색도 86, 87
인종 청소 235

ㅈ

자메이카 28, 34, 35
자발적 이동 24, 25
자연환경 92, 104, 106, 107, 111, 250
잘츠부르크 88, 89
장소 마케팅 208
장소 자산 208
저차 도시 71
저출산 42, 48
저출산 문제 39, 42, 47~49
전주시 94, 95
전탑 111, 112
전통 마을 189~191
전통 문화 121, 127, 201
접근성 79~83, 84
정크푸드 188
제2차 세계 대전 232
종로구 94, 95, 145
주거 지역 59, 77
주변 지역 81~83
중간 지역 82, 83
중력 모형 71
지리적 표시제 210, 211
지모 사상 187
지속 가능성 191
지역 경쟁력 204, 205
지역 분화 82
지역 브랜드 206~210
직선 기선 219~221

ㅊ

차이나타운 31, 142, 145

착한 초콜릿 181
창의문 86
청바지 123, 124
청장년 인구 41, 51
촌락 18, 58, 59, 60, 61, 62, 78
취리히 90~93

ㅋ

카펫 114, 115
칼데라 호 248
K-POP 119
코소보 216, 235
코차밤바 156, 157
코카콜라 149, 150
콜럼버스 25, 35
쿠르드족 138, 139
쿠르디스탄 139
쿨리 30
퀘벡 137
크리스트교 130, 131, 135, 136, 232

ㅌ

타이완 52, 116, 216, 231, 236
터번 102, 103
통상 기선 219, 220
통일 244~255
통일 비용 251, 252
툰드라 14
튀니스 108

ㅍ

파사드 75

팔레르모 108
팔레스타인 216, 232~233
평양 84, 85, 247
폭스콘 158, 159
필리핀 12, 33, 166~168, 236

ㅎ

한류 118, 119
한일 중간 수역 226
함평 나비 축제 212, 213
합계 출산율 42, 43, 47~49
혼분식 장려 운동 168, 169
화교 29~31
획일화 122~124, 127
흡입 요인 23, 24
히말라야 16, 111
히스패닉 23
힌두교 109, 116, 134, 143

사진 자료 제공

셔터스톡

14 러시아 툰드라, 히말라야 고산 지대, 룹알할리 사막 15 뉴욕, 베트남 벼농사 지역 21 도쿄의 인파 27 오스트레일리아의 국기와 화폐, 뉴질랜드의 국기와 화폐 28 고레 섬 31 싱가포르의 차이나타운, 뉴욕의 차이나타운, 인천의 차이나타운 34 자메이카 전경 51 공원의 노인들 53 프랑스 아이들 57 오늘날의 서울 58 로마 61 지하철 인파, 교통 체증, 명동 거리 68 인천 국제공항, 부산 광안대교 일대 74 뉴욕, 파리 75 노트르담 대성당 76 덕수궁 77 광화문 일대 89 잘츠부르크 90 빈, 오클랜드 91 뮌헨 93 취리히 경관, 트램 99 미국의 빗장 도시 103 샤프카, 솜브레로, 터번, 논, 말가이 104 사우디아라비아 국기 108 팔레르모 성당, 튀니스의 사원 110 발리 113 아프리카의 성모상, 타이의 성모상, 멕시코의 성모상 114 유럽의 카펫 115 나시르 알몰크 사원, 터키 괴레메의 식당, 카펫 117 타이의 맥도날드, 인도의 맥도날드, 이스라엘의 맥도날드 119 싸이 공연 123 아프리카 거리 128 뭄바이 131 보스포루스 해협 132 아야 소피아 내관, 외관 133 슬라보노프의 교회, 방콕의 사원, 델리의 자마 마스지드 사원 138 터키 도우베야짓의 이삭파샤궁 139 터키-쿠르드의 평화 협정 142 싱가포르의 차이나타운, 싱가포르의 리틀 인디아 143 싱가포르의 안내판 150 뉴욕 타임스퀘어의 국내 기업 광고 162 곡물 저장통 164 미국의 기계 농업 172 물 부족으로 메마른 땅과 고통받는 사람들 177 복지 국가의 교실, 아프리카의 교실 178 독일의 자동차 179 에티오피아의 커피 194 슈투트가르트, 예테보리, 미나마타, 쿠리치바 204 밴쿠버, 파리 205 피렌체 베키오 다리, 미코노스 섬 210 덴버, 암스테르담 217 웨일스 거리의 간판 222 바티칸 시국 233 이스라엘-팔레스타인 분쟁

연합포토

33 이슬람 포비아에 대항하는 사람들 68 울산 석유 화학 단지 129 뭄바이 영화관 141 조계사 성탄 트리 159 폭스콘 노동자 167 필리핀의 쌀 부족 시위 246 개성 공단 250 철조망 앞의 두루미 257 북한 홍수

기타

게티이미지 180 케냐 커피 농장의 노동자들
국가기록원 169 혼분식 장려 운동
국제노동기구(ILO) 183 세계 아동 노동 반대의 날 포스터
국토지리정보원 59 송파구, 예천군 78 우장산역 부근, 계양역 부근
권태균 237 독도
김대호 120 결혼식 모습
나희영 87 서촌
농산물품질관리원 211 지리적 표시 등록
(사)푸른길 196 광주 푸른길
순천시 관광진흥과 191 낙안 읍성 마을 195 순천만 습지
안동축제관광조직위원회 64 안동 하회마을

위키피디아 186 시애틀 추장
윤홍 73 부산 감성마을 144 서래마을 곳곳의 풍경
토목연구정보센터 64 분당 신도시 건설 전, 후
한국관광공사(www.visitkorea.or.kr) 213 함평 나비 축제 풍경
한국방송광고진흥공사 39 저출산 고령화 공익 광고 49 출산 장려 포스터
한필원 73 전주 한옥마을
함평군 212 함평 나비 축제, 213 나비 그리는 아이들

※ 이 책에 쓰인 사진과 도판 자료는 정해진 절차에 따라 저작권자의 허락을 받아 사용하였습니다. 저작권자를 찾지 못한 자료는 확인되는 대로 저작권 상의를 하고 다음 쇄에 반영하겠습니다.

똑똑한 지리책

2 인문지리—사람과 사람이 더불어 살아요

1판 1쇄 발행일 2014년 1월 13일
1판 4쇄 발행일 2020년 6월 15일

지은이 김진수
그린이 박경화 임근선

발행인 김학원
발행처 휴먼어린이
출판등록 제313-2006-000161호(2006년 7월 31일)
주소 (03991) 서울시 마포구 동교로23길 76(연남동)
전화 02-335-4422 **팩스** 02-334-3427
저자·독자 서비스 humanist@humanistbooks.com
홈페이지 www.humanistbooks.com
유튜브 youtube.com/user/humanistma **포스트** post.naver.com/hmcv
페이스북 facebook.com/hmcv2001 **인스타그램** @human_kids
편집주간 정미영 **편집** 윤홍 **디자인** 유주현 AGI 이소영
용지 화인페이퍼 **인쇄** 청아디앤피 **제본** 정민문화사

ISBN 978-89-6591-234-7 74980
ISBN 978-89-6591-232-3 (세트)

이 도서의 국립중앙도서관 출판예정도서목록(CIP)은 서지정보유통지원시스템 홈페이지(http://seoji.go.kr)와 국가자료공동목록시스템(http://www.nl.go.kr/kolisnet)에서 이용하실 수 있습니다.(CIP제어번호: CIP2013029352)

- 이 책은 저작권법에 따라 보호받는 저작물이므로 무단 전재와 무단 복제를 금합니다.
- 이 책의 전부 또는 일부를 이용하려면 반드시 저작권자와 휴먼어린이 출판사의 동의를 받아야 합니다.
- **사용 연령 8세 이상** 종이에 베이거나 긁히지 않도록 조심하세요. 책 모서리가 날카로우니 던지거나 떨어뜨리지 마세요.